花卉周年生产技术丛书

蝴蝶兰周年生产技术

王 蕊 主编

中原农民出版社

·郑州·

图书在版编目（CIP）数据

蝴蝶兰周年生产技术/王蕊主编. —郑州：中原农民出版社，2017.2
（花卉周年生产技术丛书）
ISBN 978-7-5542-1620-0

Ⅰ.①蝴… Ⅱ.①王… Ⅲ.①兰科-花卉-观赏园艺 Ⅳ.①S682.31

中国版本图书馆 CIP 数据核字（2017）第 027928 号

蝴蝶兰周年生产技术

王　蕊　主编

出版社： 中原农民出版社	**网址：** http://www.zynm.com
地址： 郑州市经五路 66 号	**邮政编码：** 450002
办公电话： 0371-65751257	**购书电话：** 0371-65724566

发行单位： 全国新华书店
承印单位： 河南安泰彩印有限公司

投稿信箱： Djj65388962@163.com
交流 QQ： 895838186
策划编辑电话： 13937196613　0371-65788676

开本： 787mm×1092mm　　　　1/16
印张： 7
字数： 231 千字
版次： 2018 年 7 月第 1 版　　**印次：** 2018 年 7 月第 1 次印刷

书号：　ISBN 978-7-5542-1620-0　　　**定价：** 69.00 元
本书如有印装质量问题，由承印厂负责调换

丛书编委会

顾 问 （按姓氏笔画排序）

方智远　李玉　汪懋华

主 任 李天来

副主任 （按姓氏笔画排序）

卫文星	王吉庆	王秀峰	史宣杰	丛佩华
朱伟岭	朱启臻	刘凤之	刘玉升	刘红彦
刘君璞	刘厚诚	刘崇怀	齐红岩	汤丰收
许 勇	孙小武	孙红梅	孙志强	杜永臣
李保全	杨青华	汪大凯	汪景彦	沈火林
张天柱	张玉亭	张志斌	张真和	尚庆茂
屈 哲	段敬杰	徐小利	高致明	郭天财
郭世荣	董诚明	喻景权	鲁传涛	魏国强

编 委 （按姓氏笔画排序）

马 凯	王 俊	王 蕊	王丰青	王永华
王利民	王利丽	王贺祥	王锦霞	毛 丹
孔维丽	孔维威	代丽萍	白义奎	乔晓军
刘义玲	刘玉霞	刘晓宇	齐明芳	许 涛
许传强	孙克刚	孙周平	纪宝玉	苏秀红
杜国栋	李志军	李连珍	李宏宇	李贺敏
李艳双	李晓青	李新峥	杨 凡	吴焕章
何莉莉	张 伏	张 波	张 翔	张 强
张红瑞	张恩平	陈 直	范文丽	罗新兰
岳远振	周 巍	赵 玲	赵 瑞	赵卫星
胡 锐	柳文慧	段亚魁	须 晖	姚秋菊
袁瑞奇	夏 至	高秀岩	高登涛	黄 勇
常高正	康源春	董双宝	辜 松	程泽强
程根力	谢小龙	蒯传化	雷敬卫	黎世民

本书作者

主　　　编　王　蕊

副　主　编　潘百涛

参　　　编　鲁娇娇　赵丹琦

组稿与审稿　孙红梅　王利民

内容提要

　　本书系统地从蝴蝶兰的观赏价值、栽培历史、发展现状、生长发育特性、品种与分类、繁殖方式、栽培管理技术、病虫害防治技术、采收与储运、家庭养护方法与注意事项等方面向读者介绍了蝴蝶兰相关的基础知识。在撰写过程中吸取了国内外先进的栽培管理经验，很多内容来源于编者亲自主持或参加的试验、示范项目和最新引进的科技成果，具有较强的理论性和实用性。

　　本书可作为花卉栽培管理人员和从业人员的培训用书，也可供相关科技人员、管理人员、高等院校有关专业的师生及花卉爱好者参考。

前　言

蝴蝶兰为兰科蝴蝶兰属多年生草本植物。因其花色艳丽,花姿优美,似蝴蝶列队飞舞,深受人们喜爱,是我国及国际花卉市场中最受青睐、发展最快的花卉品种之一,素有"兰中皇后"的美誉。蝴蝶兰具有较高的观赏价值,是花卉景观、庆典婚礼、馈赠礼品的高档花卉素材。

自 1825 年印度尼西亚 C. L. Blume 博士发现蝴蝶兰并将其转入植物园培养至今,人工栽培蝴蝶兰已有一百多年的历史。人们最初是从野外采集野生植株,直接附植于花盆中以供欣赏。但由于蝴蝶兰属单轴型兰花,一生之中只有一个生长点,所以难以通过分株来繁殖,在自然条件下实施播种繁殖更是困难重重,所获得的实生苗数量稀少,所以当时的蝴蝶兰显得十分贵重,只有少数人得以欣赏它的美丽。我国台湾省自 20 世纪 50 年代开始进行蝴蝶兰的研发和生产。

进入 20 世纪 80 年代,蝴蝶兰通过组织培养等生物技术进行大量繁殖,使得蝴蝶兰工厂化生产成为可能,短期内便有大量性状一致的品种供应市场。经过十多年发展,我国蝴蝶兰成品花的生产规模接近 3 000 万株。目前蝴蝶兰的生产已经进入由量的扩张发展到质的飞跃的关键时期,进一步提高蝴蝶兰的生产水平和提高生产者素质迫在眉睫。

此书共分为八部分:一、概述;二、生长发育特性;三、品种与分类;四、繁殖方式;五、栽培管理技术;六、病虫害防治技术;七、采收与储运;八、家庭养护方法与注意事项。通过对本书的学习和实际操作中技能的培训,可使从事蝴蝶兰栽培管理的相关从业人员具备实际工作的专业基础知识、专业基本技术,使其管理能力得到不同程度的提高。

本书是编写组集体智慧和长期从事蝴蝶兰栽培管理技术的结晶,凝聚着编者从事蝴蝶兰栽培技术研究、应用和管理的经验。本书承蒙沈阳农业大学、辽宁省农业科学院等单位诸位同志的鼎力支持,特此向这些作者和单位表示衷心的感谢。由于时间仓促和水平有限,书中不当之处在所难免,敬请各位读者提出宝贵的修改意见。

编者

目录

一、概述

　　蝴蝶兰为兰科蝴蝶兰属植物，又称蝶兰，是兰科植物中栽培最广泛、最普及的种类之一。蝴蝶兰因其花大色艳，花形别致，花序整齐，开花期长，有的品种一枝花可以开放数月之久，素有"兰中皇后"的美称，深受世界各地人们的喜爱，已成为居家及酒店装饰的重要花卉之一（图1-1）。

图1-1　餐桌上的蝴蝶兰

（一）蝴蝶兰的产地与分布

蝴蝶兰属植物自然分布区只限于赤道南北纬各23°范围内的东南亚及北澳地区。迄今已发现70多个原生种，大多数产于潮湿的亚洲地区，着生在树枝、树洞、长满青苔的贫瘠介质上，喜高温、高湿、半阴环境，越冬温度不低于18℃。自然分布于阿隆姆、缅甸、马来西亚、印度洋各岛、南洋群岛、菲律宾以及我国台湾。其中马来西亚和印度群岛是该属植物的分化中心，菲律宾分布的原生种最多。我国约有6个原生种：蝴蝶兰、滇西蝴蝶兰、海南蝴蝶兰、华西蝴蝶兰、版纳蝴蝶兰和产于台湾的小兰屿蝴蝶兰。其中以台湾台东的武森永一带森林及绿岛所产的蝴蝶兰最著名。但由于森林砍伐与采集过度，资源明显减少。原生种通常作为种质资源而被收集和保存，并陆续从杂交后代中筛选出优良单株作为杂交亲本。兰花育种选拔标准常随流行趋势而有所改变，不具经济价值者将被遗弃而消失，而依某固定观念进行育种，最后常面临无法突破的困境，这时，原生种所具有的多样性特质就可提供更广泛的育种材料。目前，蝴蝶兰的栽培种大部分是由蝴蝶兰属的原生种杂交而来的。

（二）蝴蝶兰的观赏性与栽培历史

1. 蝴蝶兰的观赏性

（1）**色彩美**　蝴蝶兰花朵大，色彩明艳，花色中有白花系、红花系、黄花系、斑点花系及条纹花系。每个花系都能给人们带来不一样的感受，如白花的纯白明亮、红花的光彩绚丽、黄花的高贵典雅等。

（2）**姿态美**　姿态即蝴蝶兰的形，包括株形、叶形、花形等。蝴蝶兰为多花型洋兰，单株亭亭玉立，丛株摇玉溢翠，生意盎然。一般按花朵的大小、数量和形状来衡量它的姿态。花梗直立，叶片颜色深绿宽厚，排序整齐，花朵多且大，花瓣和萼瓣较宽、唇瓣较大者为上品。

（3）**神韵美**　蝴蝶兰具有独特的风雅形态，内涵丰富，当全部盛开时，仿佛一群列队而出的蝴蝶正在轻轻飞翔，它那种飘逸的闲情，会令人产生一种如诗如画、似梦似幻的感觉。因其独特的神韵，人们常用蝴蝶兰传递美好的祝福。如白色蝴蝶兰象征着爱情纯洁，友谊珍贵；红心蝴蝶兰象征着鸿运当头，永结同心；红色蝴蝶兰象征着仕途顺畅，幸福美满；条点蝴蝶兰象征着事事顺心，心想事成；黄色蝴蝶兰象征着事业发达，生意兴隆；迷你蝴蝶兰象征着快乐天使，风华正茂。

2.蝴蝶兰的栽培历史

自1825年印度尼西亚C. L. Blume博士发现蝴蝶兰,并将其转入植物园培养至今,人工栽培蝴蝶兰已有一百多年的历史。蝴蝶兰栽培研究大体经历了以下几个阶段:

(1)1830~1900年 主要作为珍贵的室内盆栽植物,极为罕有而珍贵,人工繁殖培育困难,多是从原产地采集。

(2)1901~1960年 以生产切花为主,随着运输能力的发展和种子繁殖技术的进步,蝴蝶兰种植开始全球化普及。

(3)1961年至今 组织培养技术等生物技术的发展使得优秀的蝴蝶兰个体可以大批量生产。其生产方式开始采用分工方式进行,育种家们利用种间杂交和属间杂交育出新品种,改良品种的花形、花色,如花径20厘米的大白花、17厘米的粉红花、白花红点、红条、红唇、黄花红点、红斑、红线、纯黄、深紫红等色彩,缤纷而艳丽。也常利用近缘异属杂交,如与五唇兰属植物杂交的后代,常有艳丽的深紫红花出现。

(三)蝴蝶兰栽培现状及发展趋势

蝴蝶兰的大规模商品化栽培十分成功,在兰花市场中占有相当大的比例。1997~2003年为蝴蝶兰产业发展的第一个高潮,也是中国、荷兰和美国投入蝴蝶兰产业的第一阶段。各国经过几年的迅速发展,从2004年到2005年,国际蝴蝶兰产业进入一个短暂的调整期,到2006年,国际蝴蝶兰产业又进入第二次发展高潮,并进入国际化竞争时代。蝴蝶兰产业如同一些新兴产业,已走过了由无到有、快速成长的初期阶段和短暂的震荡调整期,现今迈向了稳定生产、注重品质的时代。特别是经过近几年的发展,我国由蝴蝶兰输入国变为生产输出大国。从最北端的新疆、内蒙古到最南端的海南岛都有蝴蝶兰。我国蝴蝶兰的生产和销售主要针对年宵花,据《中国花卉报》报道,我国2011年年宵花上市产量达1 800万株,2012年达2 700万株,而2013年达3 000万株。

1.国际蝴蝶兰产业发展现状

(1)生产与消费格局初步形成 目前,国际蝴蝶兰产业已经初步形成了欧洲、亚洲两大生产区域及欧洲、亚洲和美洲三大消费区域。在欧洲,以荷兰生产量较大。在亚洲,以中国生产量最大。另外,亚洲国家中韩国、日本、泰国、新加坡、马来西亚、菲律宾等国也都盛产蝴蝶兰。据花卉世界网2011年消息,蝴蝶兰年销量为美国2 000万株、日本1 800万株,欧洲市场以每年15%~25%的速度增长,目前每年约5 000万盆的消费量,可以说是全球最大的消费地。而有13亿人口的中国年销量仅约4 000万株。蝴蝶兰在国内的人均消费量远远落后于发达国家,但随着国内经济的增长和人民生活水平的提高,蝴蝶兰还是有很大的发展前景。根据我国目前的消费量和消费水平估算,蝴蝶兰的消费潜力还有 60% ~ 70% 的空间可供挖掘。

(2)**中国和荷兰的竞争局面初步形成**　中国的台湾是蝴蝶兰原产地之一,是国际上最早进行蝴蝶兰专业化、商业化和产业化生产的地区,虽然每年只有 3 000 多万株的生产能力,但凭借其丰富的种源和强大的育种能力以及早期建立起的国际行销渠道等优势而称雄国际蝴蝶兰产业。荷兰则凭借原有"花卉王国"的基础、标准化和自动化的现代农业技术以及欧盟体制下的欧洲市场等优势,大力发展蝴蝶兰产业,而成为国际蝴蝶兰产业的后起之秀。中国内地虽然在生产技术和产品质量方面与台湾省、荷兰仍有较大的差距,但由于土地取得容易,人力资源充沛,设备成本低,内需市场大,以"低廉的生产成本、强大的生产能力及潜在的巨大消费市场"等优势在国际蝴蝶兰产业中越来越具竞争力。目前,荷兰暂居国际蝴蝶兰产业的霸主地位,几乎主宰了整个欧洲市场;内地和台湾省竞争的主要阵地在欧洲,其次是美国。同时,世界上的发达国家如美国、日本、以色列以及世界上经济欠发达但劳动力成本比较低、花卉产业比较发达的哥伦比亚等国家也纷纷加入国际蝴蝶兰产业的竞争,目前,国际蝴蝶兰产业群雄四起的竞争局面也初步形成。

(3)**全球市场潜力巨大**　在日本和台湾省的盆花销售市场,蝴蝶兰多年来稳居第一位。美国市场现在是一品红第一,蝴蝶兰居第二位,但销售量却在逐年上升。欧洲和美国市场上升趋势也非常明显。据荷兰兰花协会的资料表明:2003 年蝴蝶兰消费量不足 1 000 万株,2005 年已上升到 4 000 多万株,2006 年则上升到 7 000 万株;自 2005 年起,蝴蝶兰销量在盆花销售排行榜上已居第一位。相对于广阔的市场与人口基数,全球蝴蝶兰市场还有很大的拓展空间。首先,全球蝴蝶兰的消费群体主要集中在少数经济发达国家或地区,世界上多数国家还鲜有蝴蝶兰的消费,即使在蝴蝶兰消费大国,蝴蝶兰的消费也主要集中在发达省市。其次,蝴蝶兰在发达国家虽然是常年催花、常年消费,但依然只是节日的高档消费花卉,在中国目前还主要是年宵花。目前,随着各国蝴蝶兰产业的发展,一些适于大众消费的新品种将陆续推出。蝴蝶兰将进入寻常百姓家,成为一种以大众消费为主的花卉。因此,全球蝴蝶兰市场消费潜力依然巨大。

2. 中国蝴蝶兰产业现状

(1)**蝴蝶兰产业依然是农业中的高效产业**　蝴蝶兰由 20 世纪 90 年代末的一株一两百元跌至现在每株 30 ~ 40 元,但由于其栽培密度大,单位面积产出值大,因而仍具有较高的经济效益。

(2)**总体水平显著提升,蝴蝶兰产业进入稳步提升阶段**　我国蝴蝶兰总体水平显著提升主要表现在品质和品种两个方面。现在对蝴蝶兰品质的要求,不仅仅是花朵大小和数量,还对花瓣的厚度、花序的排列、叶片排序、根系的生长状况等多方面提出了更高的要求。另一方面,对品种也提出更高要求:早些年普遍种植的实生苗品种,今已被分生品种所取代;前些年在市场上热炒的品种,如 V31、巨宝红玫瑰、红龙、火鸟等红花品系现成为普通品种;黄花品系、多梗带分枝中小花型的多花品系和带条纹、斑点的品系也开始流行。另外,目前国内几家大的蝴蝶兰种苗企业都在着重推自己的品种,极大丰富了蝴蝶兰品种,这说明我国蝴蝶兰产业正逐步走向成熟。随着我国蝴蝶兰产业链的逐步形成,有实力的大企业会越做越大,具有资金和品种优势的企业发展成专业化生产组织培养苗(简称组培苗)的企业;南方适于养苗的区域,一些企业开始专业化生产不同规格的苗株,供应国内市场或出口;北方地区则凭借冬季光照充足、开花质量高的优势,专门负责成品花的催花;还有的企业则瞄准蝴蝶兰资材供应市场,专业生产各种规格的育苗容器、基质肥料、盆器等。这种产业细分的趋势将随着我国蝴蝶兰产业的发展越来越明显。

(3)**蝴蝶兰市场消费潜力巨大** 由于蝴蝶兰属于高档花卉,在现阶段主要集中在元旦、春节、五一节、国庆节等节日消费(主要以春节消费为主)。作为礼品馈赠用花,集团消费仍是主流,消费区域也主要集中在北京、上海及沿海发达城市和省会城市。相对于广阔的市场与人口基数,国内蝴蝶兰市场还有很大的拓展空间。

二、生长发育特性

蝴蝶兰属单轴型兰,有一个生长点,可以分株繁殖。属珍稀物种,因为其种子在自然环境中无法发芽。

（一）形态特征

蝴蝶兰的一大特征是花着生在修长的花梗上。蝴蝶兰各部位名称见图2-1,植株形态见图2-2。

图2-1　蝴蝶兰各部位名称

图2-2　蝴蝶兰植株形态

1. 根

蝴蝶兰是气生兰,根系十分发达。原产地蝴蝶兰的根紧紧着生在树皮上,起支撑植株的作用。根可以吸收养分和水分以传送到茎、叶及花。根还可以吸收空气中的湿气。根中含叶绿素,见光后呈绿色,也可进行光合作用。

生长健壮的根看上去鲜活有光泽感。根的先端呈半透明的绿色或黄绿色,也有的呈琥珀红色,根尖为银白色。一般一年以上的老根,会慢慢变为黄褐色。

根有粗细之分。品种遗传影响根的粗细。合理的栽培管理,会促进根生长粗壮,数量增加。

根的好坏可以作为判断蝴蝶兰长势状况的标准。若根系健全,且一般环绕盆内侧生长,则蝴蝶兰长势健壮。

2. 茎

蝴蝶兰是单茎花,花茎并非从植株中央长出,而是从叶片下方长出,长 50～100 厘米。花茎有节,但其茎节较短,被交互生长的叶基彼此紧包。茎起到支撑叶和花梗的作用。茎还是储存、输送养分的中转站。根吸收的水、矿物质及叶光合作用制造的养分,会通过茎进行再分配。

茎顶端分枝,花即由此长出,开 10～30 朵,当第一次开的花凋谢后,要将茎剪掉,如此可促使在秋季二度开花。由于蝴蝶兰是单茎花,所以每年从新的生长点生长,这是有别于其他洋兰的生长形态。

3. 叶

蝴蝶兰叶互生,宽大肥厚,一般叶宽 5～10 厘米,长 20～30 厘米,表面有蜡质光泽。叶色一般为绿色,有的呈红褐色或深绿色豹斑纹,具有较好的观赏价值。蝴蝶兰的叶子气孔均在下表皮。叶腋处有上、下 2 个叶芽,有时为 3 个叶芽。

叶片形状以圆整、肥厚、竖立为佳。蝴蝶兰的叶具有良好的贮水及保存养分的功能。叶子还可以直接吸收肥料及水分。蝴蝶兰叶色与花色有一定的相关性,可通过观看叶色估计花色。绿色叶片的蝴蝶兰,可能开浅色(淡色)或白色的花;红褐色叶片的蝴蝶兰,可能开红色花;带银灰色斑纹叶片的蝴蝶兰,可能开条纹花或斑点花。

4. 花梗

蝴蝶兰的花梗颜色有绿色、褐色之分,还有粗细、软硬、成形难易及柔软韧性的不同。花梗颜色与花期无关联。花梗高度,大花系一般可以达到 40～90 厘米,小花系 20～30 厘米。蝴蝶兰的花梗起到支撑花朵的作用。

5. 花

蝴蝶兰花朵各部分名称见图 2-3，蝴蝶兰花朵形态见图 2-4。

图 2-3　蝴蝶兰花朵各部分名称

图 2-4　蝴蝶兰花朵形态

蝴蝶兰花瓣左右展开,是花朵中观赏价值最高的部分,其次是3枚萼片。花瓣及萼片薄如蝉翼。花及萼片的颜色构成蝴蝶兰花的主色调。花朵大小以大白花为最大,最大花直径可达15~16厘米,一般为12厘米左右,中型花为10厘米左右,迷你种5厘米左右。小的花直径仅有1~2厘米。

蝴蝶兰的唇瓣极具观赏价值。大部分唇瓣的先端有2条细长卷曲的龙须,对称分布于唇瓣的两边。唇瓣的基部,还有一个突起状物。

蕊柱是雌雄合二为一的兰科植物特有的器官。其顶端有2个花药室,内各有1个花粉块,花粉块外有药帽保护。花粉块上连有盘状黏块,在昆虫采蜜退出时,揭下花粉块,并黏着于昆虫背上。蕊柱正面靠近顶端有个穴,称为柱头穴,为蝴蝶兰的雌性器官,内有黏液,在昆虫带花粉块进入时,可黏住花粉而受精。

蝴蝶兰大部分栽培品种无香味。花色是蝴蝶兰品种的重要特性,培育与众不同的颜色是育种者追求的主要目标。蝴蝶兰的花色非常丰富,有红(粉、紫)、白、黄(橙)、蓝等。

6. 果实和种子

蝴蝶兰的果实为蒴果,成熟即开裂,种子细小无胚乳,胚均处于未分化状态。自然发芽率很低,需要与兰菌共生才会发芽。但在适宜的培养基之下,蝴蝶兰种子不需要菌类或其他微生物的帮助就可以发芽。

蝴蝶兰播种后,种子发芽的最适温度为22~29 ℃,每天光照12~18小时,光照度为2 000~3 000勒,相对湿度为60%~70%。

(二)环境条件对生长发育的影响

蝴蝶兰野生于低海拔热带雨林中,常附生在密林中离地3~4米的树干、树杈上和溪沟旁的阴湿岩石上,形成了喜温暖、多湿和半阴的特性。

1. 温度

蝴蝶兰性喜高温,在栽培过程中对温度敏感,也是栽培成功的关键。一般来说蝴蝶兰在3~10月的生长温度为26~30 ℃,10月至翌年3月的生长温度为17~23 ℃。生长期最适温度白天为25~28 ℃,夜间为18~20 ℃,兰株幼苗需23 ℃左右。不过在春季开花期,室温以15~20 ℃为宜。

蝴蝶兰的花芽分化主要受温度影响。栽培的蝴蝶兰(图2-5)如果全年温度保持在18 ℃以上,1年内就可以长出4片叶片,同时形成花芽。蝴蝶兰花芽分化温度以16~18 ℃为宜。当温度低于15 ℃时,蝴蝶兰根部停止吸收水分,生长停止,甚至会冻伤叶片,引起落蕾和花瓣上出现锈样斑点。

图 2-5　温室内的蝴蝶兰

2. 光照

蝴蝶兰在自然状态下都附生在密林树阴处或岩石背阴处,形成了喜半阴的习性。栽培蝴蝶兰切忌强光直射或暴晒,叶片容易被灼伤。

3. 湿度

蝴蝶兰为附生兰,没有粗壮的假鳞茎贮藏水分,原产地为多湿的雨林地带,杂交种同样喜欢高湿的条件。但生长阶段不同对湿度要求亦不同,超过适宜的湿度要求,反而会引起生育障碍和软腐病的发生。在蝴蝶兰栽培中,营养生长阶段相对湿度要求在90%以上;促花阶段要求70%～80%,湿度过高容易引起花瓣斑点(灰霉);开花后相对湿度在50%即可。用水帘通风及地面空间喷湿等措施可调控湿度。

4. 水质

灌溉水不得含有化学物质和可见杂质。水中所含的大量元素如钠和氯不得超过100毫克/升,总硬度低于50毫克/升,铁含量低于0.1毫克/升。也可将自来水放置1～2天后使用。

5. 基质

移栽后第一个月要注意保持基质湿润,基质上层允许轻微干燥。但容器底孔堵塞积水,容易导致蝴蝶兰烂根甚至死亡。因此,蝴蝶兰需要保水性能好且疏松透气的栽培基质,如水苔或蛇木屑等,也可混合树皮、轻石、珍珠石、椰子壳等栽培。每年至少一次从上部给水以淋洗基质,避免基质产生盐化现象。

6. 营养

蝴蝶兰施肥原则是少施肥,施淡肥。开花前以施氮肥为主,快开花时以施磷、钾肥为主。营养生长期用兰花专用肥 2 000 倍液灌根,视生长情况而定,每周 2 ~ 3 次。开花期可用水溶性高磷钾肥 1 000 ~ 2 000 倍液,10 天左右喷施一次。

小提示

施肥时应注意蝴蝶兰忌施浓肥,勿将肥液施在基部的中心;孕蕾时不宜施肥,否则花蕾会早枯;花期和温度较低的季节停止施肥。根部形成红色斑点时,应以大量清水冲洗兰盆以及植株,以免残留的无机盐危害根部。

三、品种与分类

（一）常见原生种

（1）**白花蝴蝶兰** 又名报岁蝴蝶兰、大白花蝴蝶兰、蛾兰。叶 3～5 片，宽长卵圆形，深绿色，肉质。花梗长 60～90 厘米，着花 6～20 朵，花径 8～9 厘米，花瓣纯白色，唇瓣淡黄色，具红色条纹，有香气。原产于马来西亚、印度尼西亚、菲律宾、澳大利亚北部、新西兰等地，多生于热带雨林的树干上，我国台湾也有分布，有变种台湾蝴蝶兰。

（2）**虎斑蝴蝶兰** 又名安曼蝴蝶兰。株型小。叶片小，2～3 片，叶丛呈莲座状。花梗着花 2～3 朵，花白色，花萼和花瓣上有淡红色交叉花瓣，形似虎斑。花期夏季。原产于印度尼西亚的摩鹿加群岛，多生在热带雨林中树干或岩石上。

（3）**皱叶蝴蝶兰** 又名三角唇蝴蝶兰。叶 3～4 片，花梗着花 6～8 朵，花萼和花瓣黄色，密布橙红色纵条纹，唇瓣橙红色，呈三角状。原产于马来西亚、新加坡、菲律宾，生于热带雨林的树杈上。

（4）**桃红蝴蝶兰** 又名玫瑰唇蝴蝶兰。属小花种。叶 3～4 片，椭圆形，肉质，深绿色。花梗长 20～40 厘米，常弓形下垂，着花 10～15 朵，花径 3 厘米左右，桃红色，唇瓣玫瑰红色，有深红色斑点。原产于菲律宾和我国台湾，生于低海拔的热带雨林中的树干上。

（5）**褐斑蝴蝶兰** 又名香蝴蝶兰、棕色蝴蝶兰。叶 3～4 片，大而饱。花梗长 30 厘米，有横向分枝，每个分枝上着花 1～3 朵，总花数有 5～12 朵，花径 4～5 厘米，花萼和花瓣浅黄绿色，基部稍上有红褐色横条斑，唇瓣白色，有红色斑点。花期春夏季。原产于马来西亚、印度尼西亚、菲律宾，生于热带雨林中的树杈上。

（6）**大蝴蝶兰** 又名象儿蝴蝶兰、巨型蝴蝶兰。叶 2～4 片，长 50 厘米，宽 20 厘米。花梗长，常下垂，着花 10～12 朵，花径 2～3 厘米，花萼和花瓣白色，有褐红色斑点，唇瓣褐红色。原产于菲律宾、缅甸、泰国、老挝，野生于热带雨林中的树杈上。

（7）**利氏蝴蝶兰** 又名雷氏蝴蝶兰。叶 3～4 片，肉质，淡绿色，花序总状，花梗短而粗，着花 2～7 朵，花白色，密布紫红色不规则环纹斑，唇瓣肉质，三角状。原产于菲律宾，野生于热带雨林的树干上。

（8）**曼氏蝴蝶兰** 又名满氏蝴蝶兰、卷瓣蝴蝶兰，叶 3～4 片，长 25～30 厘米，绿色，基部黄色。花梗斜出或下垂，着花 5～7 朵，花萼和花瓣肉质，黄绿色，唇瓣白色，原产于印度、锡金、越南,野生于热带雨林中的树杈上。

(9)**柏氏蝴蝶兰** 又名侏儒蝴蝶兰,是蝴蝶兰中最矮小的种类。叶2~3片,深绿色,肉质。花梗短而下垂,长15~20厘米,着花6~10朵,花萼和花瓣白色,唇瓣白色,纵生两条褐红色宽斑。花期秋季。原产于缅甸和喜马拉雅地区,生于热带雨林中。

(10)**席氏蝴蝶兰** 又名长梗蝴蝶兰。叶片大,3~5片,肉质,深绿色,有灰色斑纹,背面紫色。花梗直立或弓形,长90~100厘米,有分枝,着花数十朵,最多可达174朵,花径5~8厘米,有香气,粉红色,边缘白色,唇瓣紫红色,喉部白色。原产于菲律宾,野生于热带雨林树干上。

(11)**斯氏蝴蝶兰** 又名小叶蝴蝶兰。叶3~4片,小而窄,肉质,绿色,有灰色斑点。花梗直立或弓形弯曲,长1米,着花10朵,花径4~5厘米,花萼和花瓣片白色,侧萼片下部有褐色斑点,唇瓣白色,散生褐色斑点。原产于菲律宾,野生于低海拔热带雨林中的树杈上。

(12)**英光蝴蝶兰** 又名大叶蝴蝶兰。叶3~4片,宽卵圆形,亮绿色,肉质。花梗短而粗壮,着花2~7朵,花白色呈星状,花萼和花瓣肉质,侧萼片和唇瓣紫红色,喉部黄色,有香气。原产于马来西亚、印度尼西亚、菲律宾,野生于低海拔的热带雨林中的树干或岩石上。

(13)**云南蝴蝶兰** 又名蝶兰。叶片丛生,2~4片,矩圆形,肉质。花梗长10~20厘米,着花2~4朵,花小,花径2厘米,花瓣粉红色,唇瓣紫红色。原产于云南、四川、西藏等地,附生于岩石或树干上。

(二)品种分类

蝴蝶兰属从花上可大体分为大花型与小花型两类。前者花大,两侧生萼片特别宽,花的宽大于高;后者花小,花瓣与两侧萼片的形状、大小相似,花呈五星形。蝴蝶兰属的种间杂交育种工作,早期仅在原产地菲律宾的几个大花型间进行,在花型、花色上无多少突破。后来在大花型与小花型间杂交,后代中花色更多样,花被上出现深色斑点或脉纹,花的质地变硬,也延长了花期,经济性状更好。

1.红花系列

(1)**大辣椒**(图3-1) 株型较好,长势旺盛,肉质茎短,叶片互生,排列整齐,叶色翠绿,叶背绿色略带紫褐色,叶片宽厚、质硬,花梗长80厘米,粗0.55厘米,花序排序良好,长26厘米,分化性佳,第一、第二朵花间距4厘米,花型圆整,花色深粉,花径12厘米,花期较长,生长速度快,不耐强光,对pH、EC值(基质中可溶性盐含量)要求较高,易感染灰霉病、菌核病和镰刀菌。对温度不敏感,需提前催花,每日20℃以下低温处理16~18小时,才能抽花梗,整个过程需要55~60天,适合北方地区栽培。

图 3-1　大辣椒

（2）**内山姑娘**（**图 3-2**）　株型较好,叶片长椭圆形,互生,排列整齐,叶色深绿,叶片边缘及叶背红褐色,叶片宽厚、质硬,有光泽,花序排序良好,花色深粉,唇瓣深红色,花径为 12 厘米,叶间距 30 厘米,喜高温高湿,苗生长速度快,喜高湿,抽梗整齐,但花梗偏高,分化性能好,喜光,抗病性、抗寒性较强,易感染镰刀菌,催花较容易,18～20℃低温处理30 天左右即可抽出花梗,适合北方地区栽培。

图 3-2　内山姑娘

（3）**中国红**（图3-3）　株型较好,叶片长椭圆形、互生,叶色深绿,叶片边缘及叶背红褐色,叶片宽厚、质硬,花型圆整,花色黑红色,花序排列密集,唇瓣3裂、红色,中花型,花径7~8厘米,花朵数可达11~12朵,花梗长45厘米,抗病性、抗寒性较强,每日18~20℃低温处理12小时,30天左右即可抽出花梗。

图3-3　中国红

（4）**大富贵**（**图3-4**）　　大红花,花径11.5厘米,叶幅小,生长速度快,喜强光和高湿,对 pH 和微量元素的要求高,易抽梗。冬天光照不足易掉苞。

图 3-4　大富贵

（5）**红龙**（图 3-5） 株型较好,肉质茎短,根系粗且少,叶片互生,长椭圆形,叶色深绿,叶片边缘及叶背紫褐色,叶片宽厚、质硬,叶间距 40～50 厘米,花梗长 80 厘米,粗 0.42 厘米,花序排序良好,长 20 厘米,第一、第二朵花间距 3.5 厘米,花红色,花径 11.5～12 厘米,唇瓣 3 裂、深红色,生长速度较慢,喜高温高湿;易感染软腐病和镰刀菌;对温度不敏感,需提前催花,每日 20℃ 以下低温处理 14 小时以上,40 天能抽出花梗,适合北方地区栽培。

图 3-5　红龙

（6）**满堂红**（图 3-6） 株型较好,叶片长椭圆形、互生,叶色深绿,叶片边缘及叶背红褐色,叶片宽厚、质硬,花型圆整,花色粉红带白边,花序排列密集,唇瓣 3 裂、红色,大花型,花径 11.5 厘米,花朵数可达 11～12 朵,花梗长 50～55 厘米,抗病性、抗寒性较强,每日 18～20℃ 低温处理 12 小时,30 天左右即可抽出花梗。

图 3-6　满堂红

（7）**火鸟**（图3-7）　株型较好,叶片长椭圆形,叶色深绿,叶片边缘紫褐色,叶背绿色略带紫褐色,叶片宽厚、质硬,花梗长69厘米,粗0.44厘米;花序排列整齐,长24厘米,第一、第二朵花间距3.2厘米,花红色(红白相映),花径9~10厘米,易感染软腐病和镰刀菌,湿度不宜过大,易烂根,对温度敏感,易抽花梗,每日18~20℃低温处理12小时,30天左右即可抽出花梗,但苗龄不足花朵数少,适合北方地区栽培,为目前市场畅销品种。

图3-7　火鸟

（8）**光芒四射**（图3-8）　株型较好,叶片长椭圆形,叶色深绿,叶片边缘及叶背红褐色,叶片宽厚、质硬,叶间距40~50厘米,花型圆整,红色花瓣边缘呈规则的闪电形花边,花序排列密集,唇瓣3裂、深红色,大花型,花径11.5~12厘米,花朵数可达16~20朵,开花整齐,花期长,苗期生长缓慢,分化性能好,喜弱光照,湿度不宜过大,对EC值和pH相当敏感;抗病性、抗寒性稍弱,催花较容易,每日18~20℃低温处理12小时,30天左右即可抽出花梗。因其花型独特,花期长,近两年来成为年宵花最畅销的品种。

图3-8　光芒四射

（9）V31（图 3-9）　红花线条，花径 9.0～10 厘米，整个生长周期湿度不宜过大，不耐强光和高 EC 值，分化性能好，抽梗整齐，耐低温，花序排列整齐。

（10）双龙（图 3-10）　大深红花，花径 11.5 厘米，喜欢强光强肥，苗龄足两条梗都分化较好，需在不同时期调配 pH，着苞期光照不足易掉苞。

图 3-9　V31　　　　　　　　　　　图 3-10　双龙

（11）**红宝石**（图 3-11）　大粉红花，花径 9～10 厘米，整个生长周期不易染病，抽梗节位低，分化性能差，喜高湿。

图 3-11　红宝石

（12）**超群九号**（图3-12）　大粉红花,花径12厘米,花序排列好,对温度敏感,易抽梗,不喜强光和高湿,易感染细菌角斑病和镰刀菌。

图3-12　超群九号

（13）**婚宴**　花数量多,排序整齐,花桃红色,唇瓣深红色。分叉小花型,对温度敏感,易催花。

（14）**超群一号**　大红花隐线线条,花径10.5厘米,抽梗整齐,花序排列佳,分化性能好,喜强光,不耐高EC值。

（15）**火凤凰**　大众化品种,株型较好,长势旺盛,叶片互生,椭圆形,叶色深绿,叶背紫褐色,叶片宽厚、质硬,成株叶间距40厘米,花序排序良好,花色深粉,唇瓣红色,大花型,花径12厘米,花朵数9朵,花梗长50厘米,抗寒性、抗病性较弱。催花难,每日18～20℃低温处理,需45天左右才能抽梗;适合北方地区栽培。

（16）**镇国瑞丽**　大众化品种,株型较好,叶片长椭圆形,叶色深绿,叶片边缘及叶背紫褐色,叶片宽厚、质硬,叶间距35厘米,花梗长78厘米,粗0.5厘米,花序排序良好,长

24 厘米;第一、第二朵花间距 4 厘米,花色红色,花瓣边缘白色,唇瓣深红,大花型,花径 11 厘米,花朵数 12 朵,抗寒性、抗病性一般,催花较难,每日 18～20℃ 低温处理,需 45 天左右才能抽梗;适合北方地区栽培。

(17)红太阳　株型较好,叶片长椭圆形、互生,叶色深绿,叶片边缘及叶背红褐色,叶片宽厚、质硬,有光泽,叶间距 40 厘米,花型圆整,花色深粉,唇瓣红色,花径 13 厘米,花朵数 13 朵,花梗长 45～50 厘米,抗病性较强,抗寒性较弱,苗期生长速度慢。经过 30 天左右的低温(18～20 ℃)处理即可抽出花梗,适合北方地区栽培。

(18)大红旗　株型较好,长势旺盛,叶片互生,长椭圆形,叶色深绿,叶片边缘及叶背紫褐色,叶片宽厚、质硬,花梗长 77 厘米,粗 0.4 厘米;花序长 25 厘米,排序良好,第一、第二朵花间距 5 厘米,花红色带条纹,花径 11.5 厘米,抗寒性、抗病性较弱;经过 30 天左右的低温(18～20 ℃)处理即可抽出花梗,适合北方地区栽培。

(19)S050　株型较好,叶片长椭圆形,叶片深绿,叶片边缘及叶背红褐色,叶片宽厚、有光泽,花型圆整,花色暗红,花径 7 厘米,花梗长 35 厘米,花朵数最多可达 30 朵,适合北方地区栽培。

(20)S012　株型较好,叶片椭圆形,叶片翠绿,叶片边缘及叶背略带红褐色,叶片宽厚、有光泽,花型圆整,花色红色,中花型,花径 9 厘米,花梗长 40 厘米,花序长 35 厘米,适合北方地区栽培。

(21)天骄　大众化品种,株型较好,叶片长椭圆形,叶色深绿,叶片边缘及叶背红褐色,叶片宽厚、质硬,有光泽,肉质茎较长,花梗长 60 厘米,粗 0.54 厘米,花序长 19 厘米,第一、第二朵花间距 4 厘米;花色红色,花型圆整,花径 10 厘米,抗病性、抗寒性较弱,易发生软腐病。催花容易,经过 30 天左右的低温(18～20 ℃)处理即可抽出花梗,适合北方地区栽培。

(22)聚宝红玫瑰　株型较好,叶片长椭圆形、互生,叶色深绿,叶片边缘及叶背红褐色,叶片宽厚、质硬,有光泽,叶间距 40 厘米,花型圆整,花色深粉带白边,花径 9 厘米,花梗长 55 厘米,唇瓣 3 裂、深红色,花序排列不好,需要做型;抗病性、抗寒性较弱,喜高温和高钾,易感染疫病和镰刀菌,分化性能差,苗龄要足。催花容易,经过 30 天左右的低温(18～20 ℃)处理即可抽出花梗,适合北方地区栽培。

(23)满天红　为多权型小花系列,株型较好,叶片互生,排列整齐,为规则的长椭圆形,叶片翠绿,平伸或斜向上挺直,表皮革质较厚,花序腋生,较短,长约 35 厘米,花型圆整,花色深粉,花径 5～6 厘米,唇瓣颜色稍深,3 裂。主枝花 10～12 朵,苗期生长缓慢,抗病性、抗寒性较强,如果 EC 值过高,易感染镰刀菌,除此无其他病害;对温度敏感,全年都能抽梗,适合北方地区栽培。

(24)灿烂情人　大深红花,花径 9.5～10 厘米,叶幅大,易感染灰霉病和镰刀菌,花苞期如光照不足易掉苞。

（25）**饴糖情人**　大深红花，花径 10 厘米，易感染镰刀菌和灰霉病，花苞形成期需强光，不然易掉苞，对温度敏感，易抽梗。

（26）**珍珠**　红花斑点蜡质，花径 8 厘米，抗性强，不易感染病虫害，对温度不敏感，需提前催花。

（27）**粉红宝贝**　大轮红花，花径 9.5 厘米，高温多湿季节易感染炭疽病和软腐病，催化期需水分大，开花期光照不宜过强。

（28）**金盾美人**　深红花，花径 9.5～10 厘米，冬春季节易感染疫病，喜高温，开花期整齐。

（29）**尼格尔**　大红花，花径 10 厘米，抗病性差，喜高温，整个生长周期都易感病，开花整齐。

（30）**埃及艳后**　大红花，花径 9.5 厘米，喜高温，冬春季节生长较慢，抽梗不整齐，花期不好控制，易感染镰刀菌和细菌性病害。

（31）**瑞丽美人**　株型较好，花型圆整，花色深粉色，边缘白色，唇瓣 3 裂、红色，花径 10 厘米，花序长；花梗长 50 厘米，抗病性、抗寒性较好；催花容易，经过 30 天左右的低温（18～20℃）处理即可抽出花梗；生长过程中叶片易萎蔫，适合北方地区栽培。

（32）**羊卉玫瑰**　红花，花径 9 厘米，叶幅小，不喜水和强光，分化性能好，花型排列整齐，耐低温，易感染镰刀菌。

（33）**吕香**　中小型花，红花，带清香味，不易长根，不耐低温，很容易受冻害。

（34）**宝岛玫瑰**　大轮红花，花径 10 厘米，喜强光和高温，催花期苗龄不足，分化性能不好，易感染炭疽病。

（35）**宝龙皇后**　深红花，花径 9 厘米，分化性极强，喜强光和低温，但苗期光强会抑制生长；抽梗不整齐。

（36）**晶莹线条**　红花线条，花径 9 厘米，不耐强光，分化性能好，苗龄达 24 个月，都是双梗，pH 和 EC 值不适易掉苞。

（37）**富贵龙**　网纹线条红花，花径 12 厘米，分化性好，对 EC 值敏感，喜高湿、强光，茎部长。

（38）**钻石**　中小型深红花，对温度敏感，易抽梗，整个生长周期注意 pH 和 EC 值的协调。

（39）**玛莉**　大深红花，花径 9.5 厘米，耐高 EC 值，叶幅大，对温度不敏感，催花期间每日低温（18～20℃）处理要 14 小时以上，易感染炭疽病和疫病。

（40）**占卜（明和维纳斯）**　大粉红花，花径 12 厘米，不易感染病害，耐高 EC 值，易抽梗，唯独分化能力差。

红花系列其他品种：红蚂蚁（图 3-13）、女儿红（图 3-14）、红灯笼（图 3-15）、祥发玫瑰（图 3-16）、SH132（图 3-17）、SH147（图 3-18）。

图 3-13　红蚂蚁

图 3-14　女儿红

图 3-15　红灯笼

图 3-16　祥发玫瑰

图 3-17　SH132

图 3-18　SH147

2. 黄花系列

（1）**富乐夕阳**（**图 3-19**）　株型较好,叶片长椭圆形、互生,叶色深绿,叶背红褐色,叶片宽厚、质硬,有光泽,叶间距 40 厘米,花梗长 43 厘米,粗 0.42 厘米,花序排序良好,长 14 厘米,第一、第二朵花间距 3.5 厘米,黄花红心,中型花,花径 8 厘米;不喜强光,生长速度慢;苗龄不足分化性能差,抗病性、抗寒性较强;对温度不敏感,需提前催花,每日 18 ~ 20 ℃低温处理,需 45 天左右才能抽梗,适合北方地区栽培。

图 3-19　富乐夕阳

（2）**帝王**（图3-20）　黄花红心，花径8～9厘米，是黄花系列中花瓣最大的品种之一，生长速度较慢，易感染镰刀菌，需提前催花，对温度不敏感，喜微量元素。

图3-20　帝王

（3）**新源美人**（图3-21）　株型较好，叶片椭圆形，叶色翠绿，叶片宽厚、质硬，有光泽，花序排序良好，花色为金黄色，有清晰条纹，中型花，花径8厘米，唇瓣3裂、深粉色；花朵数8朵，花序长10厘米左右，花梗长35～40厘米，抗病性较弱，抗寒性强，对光照敏感，如花期光照弱，花色易变浅，条纹模糊；催花较难，每日18～20℃低温处理，需45天左右才能抽出花梗，适合北方地区栽培。

（4）**幻想曲**（图3-22）　小中型花系，黄花红心，生长速度缓慢，叶幅小，茎部长，对温度不敏感，需提前催花。

图3-21　新源美人

图 3-22　幻想曲

（5）**洪林玫瑰**　株型较好,叶片椭圆形,叶色深绿,叶背红褐色,叶片宽厚、质硬,有光泽,花序排序良好,黄花红心,中型花,花径 9 厘米,花梗长 40 厘米,叶间距 40 厘米,抗病性、抗寒性较强;每日 18～20 ℃低温处理,30 天左右即可抽出花梗,适合北方地区栽培。

（6）**萨拉黄金**　橘红中轮斑花,苗期生长速度较慢,对温度不敏感,需提前催花,但温度过高会影响花期。

（7）**万花筒**（图 3-23）　株型较好,叶片椭圆形、互生,叶色翠绿鲜艳,叶背略带红褐色,叶片宽厚、质硬,光泽度不及新源美人,叶间距 30 厘米,花梗长约 45 厘米,粗 0.36 厘米,花序长 12 厘米,排序良好,第一、第二朵花间距 3 厘米,花橙色带粉色条纹,唇瓣 3 裂、红色,花径 8 厘米,花朵数 10 朵,小、中苗期喜氮和钾,磷肥过重易长成"石头苗",EC 值过高还会感染镰刀菌,生长期喜高温;每日 18～20 ℃低温处理,45 天左右才能抽出花梗,适合北方地区栽培。

（8）**昌新皇后**（图 3-24）　株型较好,叶片椭圆形,互生,排列整齐,叶色翠绿,叶片宽厚、质硬,有光泽,叶间距 30 厘米,花序排序良好,花色为金黄色,唇瓣 3 裂、深红色,中型花,花径 9 厘米;花朵数 8～9 朵,花梗

售价：50元

图 3-23　万花筒

长35~40厘米,抗病性较弱,抗寒性强;催花较难,每日18~20℃低温处理,45天左右才能抽出花梗,适合北方地区栽培。

图3-24 昌新皇后

(9)**一点黑** 株型较好,花型圆整,花黄色带黑点,唇瓣3裂、紫色;中型花,花径7.5~8厘米,花序长;花梗长45厘米左右,抗病性、抗寒性较强;催花较难,每日18~20℃低温处理,45天左右才能抽出花梗,适合北方地区栽培。

(10)**芳伦斯** 小黄花,根系不发达,长根较困难,不易抽梗,需提前催花。

黄花系列其他品种:黄金男孩(图3-25)、台北黄金(图3-26)。

图3-25 黄金男孩　　　　　　　　　　图3-26 台北黄金

3. 白花系列

（1）**春之颂**（图3-27）　株型较好,花型圆整,花粉色,边缘白色,唇瓣红色,花径8厘米,花序长;花梗长45厘米左右,抗病性、抗寒性较弱;催花容易,经过30天左右的低温（18～20℃）处理即可抽出花梗,适合北方地区栽培。

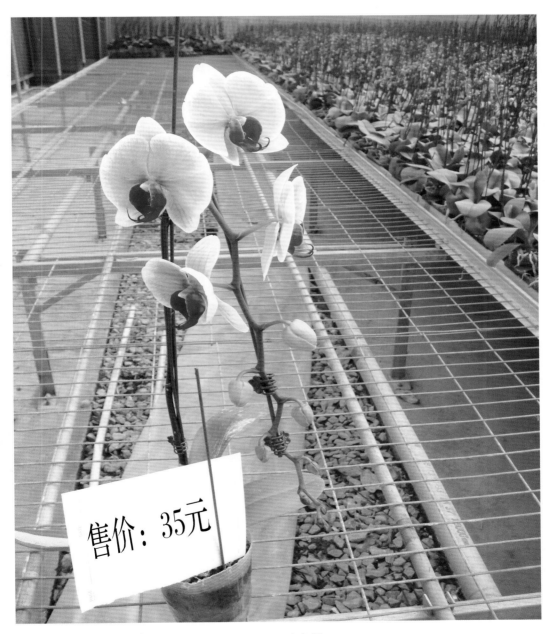

图3-27　春之颂

（2）V3（图3-28） 株型较好,叶片互生,排列整齐,叶色深绿,叶片边缘紫褐色,叶背绿色略带紫褐色,叶片宽厚、质硬,花梗较硬,长77厘米,粗0.47厘米,分化性好,花序排序良好,长20厘米,第一、第二朵花间距3.5厘米,花型圆整,花色洁白,唇瓣3裂、深粉色,非常漂亮,大花型,花径12~12.5厘米,花朵数9~10朵。生长期对微量元素要求高,光照过强易感染病毒,EC值过高易感染镰刀菌,不易抽梗,需提前催花,适合北方地区栽培。

图3-28 V3

（3）千叶公主 大众化品种,株型较好,长势旺盛,叶片互生、椭圆形,叶色嫩绿,叶背绿色,叶片宽厚,叶间距35厘米,花梗长70厘米,粗0.53厘米;花序排序良好,长20厘米,第一、第二朵花间距3.5厘米,花白色,边缘为浅紫色不规则条纹,唇瓣3裂、红色;花径8厘米,花朵数9朵,抗寒性一般,抗病性较强;每日18~20℃低温处理,连续30天就能抽出花梗,适合北方地区栽培。

（4）阿玛 原生种,株型较好,叶片椭圆形,叶色翠绿,叶片宽厚、质硬,有光泽,花梗长40厘米,粗0.38厘米,花型圆整,花白色、黄心,小花型,花径5厘米,花朵数12~13朵,叶间距35厘米,抗病性较强,抗寒性弱;催花较容易,18~20℃低温处理30天即可抽出花梗,适合北方地区栽培。

白花系列其他品种：闪电（图3-29）、元气（图3-30）、SH102（图3-31）。

图3-29　闪电　　　　　　　　　　　　　　图3-30　元气

图3-31　SH102

4.白花红心系列

（1）**春姑娘**　中小型花,白花红心,对 EC 值敏感,很容易感染镰刀菌,生长期温度过高,会使花期变短。

（2）**白花红心**　花梗长 74 厘米,粗 0.55 厘米,花序长 22 厘米,第一、第二朵花间距 3.8 厘米,花型圆整,花色洁白,唇瓣 3 裂、深粉色,非常漂亮,花径 10 厘米,花朵数 9 朵。

（3）**樱姬**　白花红心,花径 8 厘米,分化性极强,不耐低温,易感染镰刀菌,对 pH 和光照敏感,易掉苞,双梗率高。

5.条纹斑点系列

（1）**兄弟女孩**（图 3-32）　株型较好,肉质茎短,叶片长椭圆形、互生,叶色翠绿鲜艳,叶片宽厚、质硬,有光泽,花梗长 45～50 厘米,粗 0.42 厘米,花序长 11 厘米,排序良好,第一、第二朵花间距 2.5 厘米;花黄色带条纹,唇瓣 3 裂、红色;中型花,花径 7 厘米,耐高 EC 值,抗寒性较强,易感染软腐病;抽花梗较难,需 10℃以上的温差才能抽梗,适合北方地区栽培。

图 3-32　兄弟女孩

（2）**龙树枫叶** 株型较好,长势旺盛,叶片绿色,叶片边缘略带黄色,叶片宽厚、质硬,不对称,叶间距 30 厘米,花梗长 76 厘米,粗 0.45 厘米;花序排序良好,长 24.5 厘米,第一、第二朵花间距 3.5 厘米,花色独特,白色布满紫红色星点,花径 8.5~9 厘米,花朵数12 朵,喜高温,生长速度慢,易感染镰刀菌和软腐病,对温度敏感,易抽花梗,花期整齐,适合北方地区栽培。

（3）**台大公主** 白底红斑点,花径 9 厘米,叶幅小,分化性能好,茎部长,喜强光和钾,抽梗整齐,但不耐低温。

（4）**黄金豹** 叶片绿色、宽厚挺立;花梗较粗壮,直径达 6.0 毫米,花梗长 37.4~41.0厘米,双梗率高,有分枝。主枝花朵数 6~7 朵,总花朵数 10~11 朵;花型圆整,厚蜡质,黄色花,有紫红斑,花径 6.6 厘米,花期 3~4 个月。温室栽培表现耐热、抗病性强。适宜温室大棚设施栽培。

（5）**红霞** 植株生长势好,叶色浅绿,叶片挺立有弹性。花朵圆整,花瓣有红色线条网纹,靠近蕊柱处有明显的白色斑点,萼片有粉红线条网纹。适宜全国各地设施条件下种植。营养生长期适温为 20~28 ℃,冬季温度在 10 ℃左右叶片会发生冷害,并可能出现花蕾消苞现象。

条纹斑点系列其他品种:金钱豹(图 3-33)、黄金宝贝(图 3-34)、SH212(图 3-35)等。

图 3-33　金钱豹

图 3-34　黄金宝贝

图 3-35　SH212

6.其他

（1）**爱莉莎**（图3-36）　蜡质红底白边中型花,生长速度慢,但不易感染病虫害,分化性能好,花期长,不耐强光和低温。

图3-36　爱莉莎

（2）0436　株型较好,叶片椭圆形、互生,叶色深绿,叶背略带紫褐色,叶片宽厚、质硬,有光泽,花梗长74厘米,粗0.48厘米,花序长20厘米,排序良好,第一、第二朵花间距4.5厘米,花型圆整,花粉色带条纹,唇瓣3裂、深红色,花径12厘米,花朵数8～9朵,耐高温,对pH和EC值敏感,花期分化需强光;抗病性较强,抗寒性差,对温度敏感,低温叶片易变红,催花温度18～20℃,30天左右即可抽出花梗,抽梗整齐,排列佳,适合北方地区栽培。

（3）**昌新珍珠**　株型较好,肉质茎短,叶片椭圆形、互生,叶色翠绿,叶片宽厚、质硬,有光泽,叶间距30～40厘米,花梗长35厘米,花序排序良好,花色为深紫罗兰色带紫点,边缘白色,唇瓣粉色,中型花,花径9厘米,花朵数11朵,生长健壮,抗性很强,喜高温,苗龄足分化性能佳,抽梗整齐;催花时间较长,每日18～20℃低温处理,需45天左右才能抽梗出花,适合北方地区栽培。

（4）**文昌狮子**　株型较好,叶片椭圆形,叶色深绿,叶片边缘及叶背红褐色,叶片宽厚、质硬,有光泽,肉质茎短,花色深粉色,花型圆整,花径10厘米,花梗长55～60厘米,抗病性、抗寒性稍差,催花温度18～20℃,30天左右即可抽出花梗。适合北方地区栽培。

（5）**牛魔王**　花梗长68厘米,粗0.56厘米,花序长23厘米,排序良好,第一、第二朵花间距3.5厘米,花粉色,唇瓣3裂、深粉色,花心白色,花型圆整,花径10～11厘米,花朵数9～10朵,抗病性强,抗寒性稍差;催花温度18～20℃,30天左右即可抽出花梗,适合北方地区栽培。

（6）**生鱼片** 株型较好，叶片椭圆形，叶色翠绿，叶片边缘粉红色，叶片宽厚、质硬，有光泽，花型圆整，花色橙色，小花型，花径6厘米，花梗长35～40厘米，苗期生长速度慢，抗病性、抗寒性稍弱；催花较难，需经过50天左右的低温（18～20℃）处理才能抽出花梗，适合北方地区栽培。

（7）**黑仙女** 株型较好，叶片长椭圆形，叶片深绿，叶片边缘及叶背深褐色，叶片宽厚、有光泽，花型圆整，花色黑色，中花型，花径6～8厘米，花梗长40厘米，花序长，抗病性、抗寒性较强；催花时间较长，需45天左右的18～20℃低温处理才能抽出花梗，适合北方地区栽培。

（8）**0405** 叶片深绿，叶背略带红褐色，花深粉色，花径10厘米，花朵数12朵，花梗长55厘米。

（9）**水蜜桃** 花浅粉色，花径11厘米，花朵数12朵，花梗长55厘米。

（10）**四季春** 大众化品种，株型较好，叶片长椭圆形，叶色深绿，叶片边缘及叶背红褐色，叶片宽厚，花型圆整，花色深粉，大花型，花径12～12.5厘米，花梗长35～40厘米，抗病性、抗寒性稍弱；催花较容易，每日18～20℃低温处理12小时，30天左右即可抽出花梗，适合北方地区栽培。

（11）**天依情人** 株型较好，叶片椭圆形、互生，叶色深绿，叶背及边缘略带红褐色，叶片宽厚、质硬，叶间距40厘米，花序排序良好，花粉色带条纹，花瓣边缘白色，唇瓣3裂、深红色，花径11厘米，花朵数10朵，花梗长45厘米，花瓣薄，花期不长，分化性能佳，抗病性、抗寒性较强；对温度不敏感，不易抽梗，需提前催花，18～20℃低温处理，45天左右才能抽出花梗，适合北方地区栽培。

（12）**清香美人** 大粉白色花，花径9.5厘米，苗期长势好，易抽梗，但花期短，需低温处理。

（13）**舞蹈少女** 红底线条，中型花系，喜高湿，但不能过饱和，苗期易感染炭疽病，EC值不宜过高，抽梗整齐。

（14）**灰姑娘** 中型花系，雪青色，易受红蜘蛛的危害，湿度不宜过大，不耐强光。

（15）**国王** 红底线条，花径8.5～9.5厘米，茎部长，苗龄不足不易抽梗，EC值过高镰刀菌相当严重，但花期整齐。

（16）**白天鹅** 白底黑斑中型花，生长速度较快，根系发达，很少有病虫害，着苞和开花期宜控制湿度。

（17）**黑鹰** 蜡质黑花，花径8.5～9厘米，抗性强，易抽梗，但分化性能差，喜强光，对pH敏感。

（18）**蜘蛛美人** 白底红线条，花径10.5厘米，抗性强，喜高温，分化性能好，花期长，对EC值敏感，过高易掉苞。

（19）**甜草莓** 黑紫色分叉型，多梗，对温度敏感易抽梗，正常养护，不易感病，叶幅偏大。

（20）**火焰龙**　粉色带白闪电，花径 8.5～9 厘米，易感染软腐病，生长速度慢，喜高温，花梗较硬，抽梗节位低。

（21）**宾友之光**　红底白闪电，花径 9 厘米；易感染红蜘蛛和白粉虱。

特殊品种系列其他品种：绿精灵（图 3-37）、SH22（图 3-38）、SH81（图 3-39）、SH205（图 3-40）。

图 3-37　绿精灵

图 3-38　SH22

图 3-39　SH81

图 3-40　SH205

四、繁殖方式

（一）无菌播种

蝴蝶兰种子,在果荚成熟时,胚未分化,自然发芽率低。利用无菌播种,可提高发芽率。无菌播种过程如下:

（1）*材料采取,消毒和播种*　以授粉后 150 天的果荚为宜,不应采收太早。但采收闭合未开裂的果荚比已经开的要好,因为消毒整个果荚简单易行且不易伤害种子。果荚按以下程序消毒和播种:

第一步:果荚采回,先用 75% 乙醇洗果荚表面及沟纹,擦拭干净。

第二步:如果果荚表面没有裂开,可将整个果荚放在烧杯中,以 10% 次氯酸钠稀释液,加数滴吐温展着剂,充分摇荡混匀,消毒 15 分。

第三步:用无菌水清洗数次,取出放在有滤纸覆盖的培养皿中备用。

第四步:将消好毒的果荚用解剖刀切开,直接用播种勺或解剖刀刮取种子,均匀地播种在培养基上。

（2）*诱导培养*　可以选用 MS 培养基、1/3MS 培养基和改良的 KC 培养基,添加适量 6-苄氨基腺嘌呤(6-BA),萘乙酸(NAA),需在培养基中添加 1~3 克/升活性炭,有助于减轻褐化程度,有利于小苗生长。培养条件室温,光照度 1 500 勒,每天 10~12 小时。

（3）*继代培养*　播种后 30~45 天,至原球茎阶段,可以移至原球茎增殖培养基,扩大繁殖。

（4）*成苗移栽*　在小苗生长具有 1 厘米长的叶片和根时,再移入小苗生长培养基,待叶片生长达 3~5 厘米就可以移出瓶外种植。

（二）组织培养

组织培养是蝴蝶兰的主要繁殖方式。

培养室是用于培养外植体、继代增殖、出芽成苗的场所,主要配备培养架、空调和照明光源等。培养室最好与接种室分开,如果实验室面积小,两者必须在同一房间时,应该把接种区与培养区用玻璃或其他轻质材料分开,只留一个移动门相连通。培养室一般要求 25～28℃,并能通过空调装置来调节不同外植体生长所需的温度,室内还要有光照设备,光照度要求 1 000～5 000 勒,并配有不同光质的光源。

1. 培养室常用设备

(1)**调频空调机** 调控培养室内的温度。

(2)**培养架与日光灯** 放置培养器皿。其上装有辅助光照的日光灯或植物灯。培养架可以是铝合金、三角铁或木质框架,视培养室的高度确定培养架的高度。层间架高一般 40 厘米,架宽 45 厘米左右,每层安装 2～3 支 40 瓦日光灯,灯的高度应能在一定范围内上、下、左、右移动。每个培养架最下层最好做成能开、关的暗箱式结构,便于必要时进行暗培养或短光处理。培养室内光照和黑暗的时间由定时器自动控制。还需要一个或多个紫外灯,以便定期对培养室进行灭菌处理。潮湿、多雨季节,最好是每天晚上用紫外灯杀菌。

(3)**控温仪** 与电加热器连接,主要功能是保持培养室内的既定恒温。

(4)**多功能电子定时器** 人工设定多套程序控制电源开关,如日光灯定时开启和关闭,自动控制光照时间。

(5)**温湿度计** 观察培养室的温度和湿度。

(6)**摇床或转床** 进行兰花试管繁殖的时候,常常采用垂直旋转式转床,每分 1～2 转。培养器皿(试管或是三角瓶)固定在装有弹性夹子的盘上,沿着轴心进行旋转。在转床的上方与下方配置照明设备。

蝴蝶兰主要切取幼苗或兰株的顶尖和叶片、花后切取花梗基部数个梗节为外植体。蝴蝶兰组织培养设施见图 4-1、图 4-2、图 4-3。

图 4-1　蝴蝶兰组织培养室

图 4-2　蝴蝶兰组织培养设施

图 4-3　蝴蝶兰组织培养瓶

除培养基成分外,决定蝴蝶兰组织培养成败的另一个重要因素就是外植体的来源。虽然从理论上讲,植物细胞都具有全能性,能够再生新植株,任何器官、任何组织都可以作为外植体,但实际上,蝴蝶兰的不同器官之间的分化能力有巨大差别,因此选择合适的外植体就显得尤为重要。

2. 外植体的选择与消毒

(1)外植体的选择

☞ 蝴蝶兰组织培养的外植体主要有叶片、花梗腋芽、花梗节间、茎尖、根尖等,其中花梗腋芽是蝴蝶兰组织培养的最佳外植体,也是目前利用最广泛的。

☞ 在选择外植体时,应先选择生长健壮、无病虫害、不变异的母株。

☞ 在采取外植体前,对母株进行采前预处理(在采前 5~7 天,用杀菌剂喷洒母株),可有效预防和降低内源性污染,提高诱导的成功率。

☞ 不同器官外植体的最佳成熟度。

叶片:叶龄 3~5 天;花梗腋芽:第一朵花现蕾时;茎尖或根尖:无菌苗或株龄 40 天内的植株。

(2)外植体的消毒 无菌的外植体材料是蝴蝶兰组织培养成功的重要前提和根本保证,而消毒是获得无菌外植体的有效方法。它通过一些表面消毒剂来杀死外植体表面的微生物,又尽可能保持外植体的生命力。因此,消毒处理是蝴蝶兰组织培养工作中的重要环节。

1)常用的消毒剂 75% 乙醇,适用于消毒,这是因为过高浓度的乙醇会在细菌表面形成一层保护膜,阻止其进入细菌体内,难以将细菌彻底杀死。若乙醇浓度过低,则虽可进入细菌,但不能将其体内的蛋白质凝固,同样也不能将细菌彻底杀死。75% 乙醇消毒的适宜时长为 15~30 秒。0.1% 氯化汞溶液,成本很低,但不环保,使用安全性较差,同时易残留,容易对外植体产生毒害作用。10% 次氯酸钠溶液,环保,使用安全,不残留,但成本较高。

2)消毒方法(以花梗腋芽为例) 将取回的花梗用 75% 乙醇棉球擦干净表面的灰尘、残留的农药、肥料等→将花梗剪成长 4 厘米左右的段(腋芽上、下各 2 厘米左右)→剥去腋芽外的苞片→在超净工作台上用 0.1% 氯化汞溶液(或 10% 次氯酸钠溶液)消毒 13~20 分→用无菌水清洗 5~6 次。

3)注意事项

☞ 严格规范无菌操作,尽量降低因操作不当造成的污染。

☞ 严格工具的消毒工作,尽量减少病毒的交叉感染。

☞ 切取外植体的工具要锐利且切割动作要快,防止挤压,以免使材料受损伤。

☞ 切取外植体时切口或切点要适宜、准确(例:切花梗时,下端切口 45°,上端切口平面。切芽时,去掉顶芽)。

☞外植体在培养容器内的分布要均匀,以保证必要的营养面积和光照条件。

3. 基本培养基的选择与配制

(1)**基本培养基的选择** 蝴蝶兰组织培养所采用的基本培养基包括 MS、1/2MS、VW、B5、KC、花宝及其改良型等,但对最适培养基的选择却不同,主要在于蝴蝶兰品种差异及外植体来源不同所致。姚丽娟等在 MS、1/2MS、KC 和 VW 的试验结果也表明,1/2MS 对蝴蝶兰原球茎增殖效果最好。鲁雪华等在花梗节间切段诱导原球茎的实验过程中对培养基进行筛选,也发现 1/2MS 或改良 MS 较 MS 效果好,减少 MS 中大量元素和部分微量元素及有机成分,适当增加少量的叶酸和生物素有利于原球茎的增殖生长。陈勇等认为,1/2MS 培养基对原球茎的增殖和分化效果均好于 MS 培养基,MS 培养基中较高浓度的无机盐不利于原球茎的增殖和分化。综上所述,用 1/2MS 培养基培养蝴蝶兰较好。

(2)**培养基的配制**

1 升 MS 培养基配制的具体步骤如下:

1)母液的配制 母液的成分:大量元素(母液 I),微量元素(母液 II),铁盐(母液 III),有机成分(母液 IV)IV A 和 IV B,肌醇,维生素 B_3,维生素 B_6,维生素 B_1,甘氨酸。以上各种营养成分的用量,除了母液 I 为 20 倍浓缩液外,其余的均为 200 倍浓缩液。

上述几种母液都要单独配成 1 升的贮备液。其中,母液 I、母液 II 及母液 IV 的配制方法是:每种母液中的几种成分称量完毕后,分别用少量的蒸馏水彻底溶解,然后再将它们混溶,最后定容到 1 升。母液 III 的配制方法是:将称好的七水硫酸亚铁和乙二胺四乙酸二钠分别放到 450 毫升蒸馏水中,边加热边不断搅拌使它们溶解,然后将两种溶液混合,并将 pH 调至 5.5,最后定容到 1 升,保存在棕色玻璃瓶中。各种母液配完后,分别用玻璃瓶储存,并且贴上标签,注明母液号、配制倍数、日期等,保存在冰箱的冷藏室中。

MS 培养基中还需要加入 2,4-二氯苯氧乙酸(2,4-D)、NAA、6-BA 等植物生长调节物质,并且分别配成母液(0.1 毫克/毫升)。其配制方法是:分别称取这 3 种物质各 10 毫克,2,4-D 和 NAA 用少量(1 毫升)无水乙醇溶液溶解,6-BA 用少量(1 毫升)0.1 摩/升的氢氧化钠溶液溶解,溶解过程需要水浴加热,最后分别定容至 100 毫升,即得质量浓度为 0.1 毫克/毫升的母液。

2)培养基配制的操作流程

第一,用量筒从各种母液中分别取出所需的用量:母液 I 为 100 毫升,母液 II、III、IV A 和 IV B 各 10 毫升。再取 2,4-D 10 毫升、NAA 2 毫升与各种母液一起放入烧杯中。

第二,称取 54 克琼脂,300 克蔗糖,1 克活性炭。

第三,在搪瓷杯中加入规定量的各种母液,包括生长调节物质,加水定容至 1 升,搅匀混合液。

第四,向母液混合物中加入蔗糖,边加热边搅拌;然后再加入琼脂,搅拌均匀;再加入活性炭,搅拌均匀。

第五,用吸管吸取 1 摩/升的氢氧化钠溶液,逐滴滴入培养基中,边滴边搅拌,并随时用精密的 pH 试纸(5.4 ~ 7.0)测培养基的 pH,一直到培养基的 pH 为 5.8 为止。

第六,要趁热分装,分装时先将培养基倒入烧杯中,然后将烧杯中的培养基倒入锥形瓶中,每 1 000 毫升培养基,可分装 25 ~ 30 瓶。

第七,盖住瓶口,用两块硫酸纸中间夹一层牛皮纸封盖瓶口,并用细绳捆扎,在锥形瓶外贴上标签。

第八,在 98 千帕、121.3℃下,灭菌 20 分。灭菌后取出锥形瓶,让其中的培养基自然冷却凝固。最好放置 1 天后再用。

(3)配制过程中的注意事项

☞ 在使用提前配制的母液时,应在量取各种母液之前,轻轻摇动盛放母液的瓶子,如果发现瓶中有沉淀、悬浮物或被微生物污染,应立即淘汰这种母液,重新进行配制。

☞ 用量筒或移液管量取培养基母液之前,必须用所量取的母液将量筒或移液管润洗 2 次。

☞ 量取母液,最好将各种母液按将要量取的顺序写在纸上,量取 1 种,画掉 1 种,以免出错。

☞ 溶化琼脂,用天平分别称取琼脂 9 克、蔗糖 30 克,放入 1 000 毫升的搪瓷量杯中,再加入蒸馏水 750 毫升,用电炉加热,边加热边用玻璃棒搅拌,直到液体呈半透明状。然后再将配好的混合培养液加入到煮沸的琼脂中,最后加蒸馏水定容至 1 000 毫升,搅拌均匀。

☞ 特别提示,在加热琼脂时,操作者千万不能离开,否则沸腾的琼脂外溢,就需要重新称量、制备。此外,如果没有搪瓷量杯,可用大烧杯代替。但要注意大烧杯底的外表面不能沾水,否则加热时烧杯容易炸裂,使溶液外溢,造成烫伤。

☞ 培养基的 pH 必须严格控制在 5.8。

☞ 分装时,注意不要让培养基沾到瓶口和瓶壁上。锥形瓶中培养基的量为锥形瓶容量的 1/5 ~ 1/4。

☞ 培养基分装完毕后,应及时封盖瓶口。

4. 几种外植体的培养

(1)花梗腋芽的培养

1)外植体接种 将冲洗后的外植体置于无菌的培养皿中,用锐利的解剖刀,截去两端与消毒液接触的部分,取中间部分插入培养基中。

2)诱导培养　蝴蝶兰的花梗腋芽也可以进行离体培养,而且培养效果较好,不同部位的花梗腋芽离体培养的效果不同,有明显的顶端优势。花梗上部的腋芽通常比花梗基部的腋芽萌芽率高,过老的花梗腋芽再生能力弱而不宜培养。花梗腋芽原球茎的诱导不仅取决于6-BA和NAA的绝对数量,而且取决于二者的相对比例。在6-BA/NAA值最大的条件下,诱导率处于最低状态;在6-BA/NAA值最小条件下,诱导率也接近于最低;当6-BA/NAA值接近于10∶1时,诱导率较大。花梗腋芽作为外植体诱导原球茎,基本培养基以1/2MS培养基最为合适,推荐培养基配方为1/2MS+2毫克/升6-BA+0.2毫克/升NAA+0.3% Ac(乙酸)+20克/升蔗糖+8克/升琼脂,原球茎诱导率可达72.9%。

选用1/2MS培养基,附加不同浓度的6-BA、椰子汁。25～28 ℃下进行光照培养,光照度为1 500勒左右,培养基中加入1～3毫克/升和1.0毫克/升NAA。接种后7天,外植体萌动,膨大并向外伸长。经过15天,腋芽萌发,可达1厘米以上的不定芽。30天后长出小叶,50天长出4～5片叶。

> ### 小提示
>
> 　　在培养过程中,外植体基部容易变褐色,因而要及时在原培养基上转移或转移到新培养基上。这个过程的目的是使休眠的花梗腋芽和顶芽启动,形成营养芽,在试管内长成无菌植株,便于进一步利用。

3)继代培养　将诱导产生的芽或芽丛从花梗上切离,将小芽切离花梗茎段,并横切为上、下两段,分别转入继代增殖培养基上,诱导丛芽增殖,一般每瓶接种6～10株无根苗。培养条件与诱导相同,培养基可与原诱导培养基相同,一般调高细胞分裂素的浓度,降低或不用生长素,如仅添加6-BA 3～5毫克/升。

(2)花梗节间的培养

1)外植体接种　花梗节间消毒后在滤纸上操作,用锋利的解剖刀斜切茎尖,切下的薄片不能在空气中久置,应及时接种于培养基上,一般采取三点接种,以免酚类物质扩散,使外植体产生相互影响。

2)诱导培养　花梗节间的原球茎诱导率与花梗的幼嫩程度直接相关,花梗发育时间越短诱导率越高,以花梗生长时间为10天的诱导率最高(达30%),20天的次之(25%),30天以后的仅为4%,发育时间超过150天的则不能诱导出原球茎。以生长10天的花梗为外植体在各种基本培养基上进行离体培养,在MS培养基上的效果最好。在一定范围内原球茎诱导率随着6-BA浓度的增加而增大,6-BA在1.0～10.0毫克/升均能诱导出原球茎,但以5.0毫克/升的效果最好;6-BA的浓度大于5.0毫克/升时,诱导率下降,这可能是由于6-BA促进组织褐化,尤其是高浓度6-BA会使组织严重褐化。随6-BA浓度升高,诱导出的原球茎逐渐变得幼嫩、细弱,扩繁效果差,这可能是与6-BA促进细胞分裂分化过快有关。低浓度的2,4-D和NAA对花梗诱导原球茎没有明显的效果,高浓度的2,4-D能促进愈伤组织形成,但抑制愈伤组织形成原球茎。推荐培养基配方为MS+5毫克/升6-BA+0.5毫克/升NAA+0.3%Ac+20克/升蔗糖+8克/升琼脂,诱导率为30%。培养在24~28℃,光照度500勒,每天光照16小时。接种7天后,及时转移外植体,以免材料受毒害死亡。培养45天,形成原球茎,诱导芽的形成。

3)继代培养　15天后,外植体膨大,形成淡绿色半球状,继续培养30天,可见表面的突起形成圆球状,随培养时间的延长,圆球状突起增多,成簇生长成桑果状原球茎。将诱导产生的芽或芽丛从花梗上切离,将花梗节间切离花梗茎段,并横切为上、下两段,分别转入继代增殖培养基上,诱导丛芽增殖,一般每瓶接种6~10株无根苗。培养条件与诱导相同,培养基可与原诱导培养基相同,也可不同。花梗节间的继代培养选择1/3MS+3.0~5.0毫克/升6-BA+0.2~0.5毫克/升NAA培养基,增殖的原球茎都具有很强的分裂增殖能力(8倍以上),增殖速度快且很少分化芽体,长期固体培养,分化小苗的数量随NAA浓度的增加而增加。注意要调高细胞分裂素的浓度,降低或不用生长素。

(3)茎尖的培养

1)外植体接种　左手拿培养瓶或者是试管,揭开包头纸(开盖),必须在乙醇灯火焰上方顺时针或者是逆时针(依个人习惯而定)将瓶口外部旋转一周并燎烧数秒,使培养瓶保持水平稍倾斜(瓶底高,瓶口低),右手拔去瓶塞或者旋开瓶盖放置在规定的区域(倒置放置,防止污染),如果是棉塞可以用右手小指和无名指配合手掌将棉塞于灯焰附近慢慢拔出,以免空气向瓶子内部冲击,造成污染。棉塞拿在手上或者是倒置放在灭菌台的表面上,放置区随时用乙醇棉擦洗消毒。然后右手拇指、食指和中指拿镊子夹住一块外植体放入瓶内,再将瓶口旋转灼烧,塞进棉塞或者是旋紧瓶盖。如此反复操作,直到外植体接种完毕。

2)诱导培养　茎尖及其外围组织的诱导均能获得成功,其诱导率与外植体放置密度成正比,即密度愈大诱导率愈高,反之则低。6-BA在茎尖诱导原球茎的过程中起着主要作用,单加NAA、2,4-D以及不加任何激素的情况下都不能诱导原球茎。在不含NAA的处理中随着6-BA浓度的提高,原球茎形成率不断增大,在NAA含量为2.0毫克/升、6-BA浓度为3.0毫克/升和5.0毫克/升时,原球茎的形成率显著提高,表现出两种激素对原球茎诱导的协同促进作用,但6-BA浓度为7.0毫克/升时,诱导率反而降低。当6-BA浓度达到10.0毫克/升时出现褐化死亡,这可能与高浓度6-BA刺激多酚氧化酶作用有关。在NAA浓度为3.0毫克/升时,原球茎诱导率有降低的趋势,因褐化死亡的茎尖较多,反映出过高的NAA不利于茎尖形成原球茎。利用茎尖进行茎尖培养,可得到大量的原球茎,原球茎诱导率为这3种外植体之首,其适宜的培养基为MS+5.0毫克/升6-BA+2.0毫克/升NAA+0.3%Ac+20克/升蔗糖+8克/升琼脂,其诱导率可达87%。

上述为诱导培养基,将茎尖接种到诱导培养基上,25℃恒温培养,1 500～2 000勒光照度,每天光照16～24小时。2周后,外植体膨大,少数较大的茎尖切块长出侧芽,继而长成小叶片,随后在叶片上长出颗粒状的原球茎。另一部分体积较小的茎尖膨大后直接从周围长出原球茎,这时可转移到固体培养基上继续培养,也可取试管苗植株的直径约为0.30毫米的茎尖,不需消毒,接种在MS+6-BA 3毫克/升的培养基上,培养温度为23～27℃,光照度1 500勒,14天后茎尖膨大,颜色转绿3个月后,长成桑果状原球茎状体,组织块直径约6毫米,类似愈伤组织,只是表面上布满了圆球状颗粒,用于继代培养。

3)继代培养 初期形成的形似愈伤组织的原球茎状体经过继续培养,可形成直径约2～3毫米的圆球状,表面分化出毛状物的原球茎体。将此原球茎在无菌条件下分割成小块,不能小于0.5厘米^2。转接到1/3MS+(3.0～5.0)毫克/升6-BA+NAA(0.2～0.5)毫克/升培养基,或是MS+2毫克/升6-BA+0.5毫克/升NAA+20%CM(椰子汁)+20克/升蔗糖+12克/升琼脂继代培养基进行增殖培养,都可获得理想的效果。

5. 壮苗培养

通常原球茎在继代过程中增殖的同时,也会分化发育成丛生芽,但是原球茎增殖与丛生芽的生长呈拮抗关系,即通过调整继代培养基的激素浓度得到较高增殖率的同时,会降低原球茎的分化和丛生芽的生长,得到的丛生芽生长较弱。

生根阶段的培养基与花梗腋芽的培养基相同,较低无机盐浓度有利于根的发生和生长。例如1/2MS培养基,激素比例以较低分裂素和生长素比例为宜;同时加入一些天然提取物可以明显促进试管苗生长和根系形成,如添加10%香蕉、2%苹果和2%胡萝卜混合汁或加入10%椰乳等。无机盐是影响蝴蝶兰生根率及长度的主要因素,蔗糖次之,NAA和多效唑影响较弱。

此外,蝴蝶兰生根壮苗需要较丰富的碳水化合物,因而蔗糖的浓度对生根有显著的影响,生根率随蔗糖浓度的提高而提高,同时添加香蕉泥,提高了培养基中的总糖含量,从而也可以提高生根率而促进生根苗的生长。推荐培养基配方为:1/2MS(或花宝1号3.5毫克/升)+NAA 1毫克/升+吲哚丁酸(IBA)1毫克/升+香蕉泥100克/升+活性炭1克/升+蔗糖25克/升+琼脂10克/升。

6. 炼苗与移栽

当试管苗具有3～4片叶、2～3条根时即可出瓶移栽,南方地区可以在3～10月进行,北方地区以4～6月和9～10月出瓶最好。先将培养瓶移出培养室,打开瓶盖在室温下炼苗3～5天,出瓶时用清水将附在小苗根上的培养基洗净,将根部置于0.1%高锰酸钾溶液中5分或70%甲基硫菌灵可湿性粉剂1 500倍液中消毒0.5～1小时,然后取出晾干后移植。按大小分成两级,根据植株的大小,在种植过程中选用相应的盆。小株置入120 格穴盘里,大株直接种植在直径为 5 厘米的盆内,再放入 30 格穴盘中固定。蝴蝶兰试管苗相对较弱,在移栽初期需要较为精密的管理,移植后,喷洒杀菌剂和杀虫剂,光照度不宜过强,一般以 1 500 ~ 2 500 勒为宜。缓苗后(2 周左右)可将光照度逐步提高至6 000 ~ 8 000 勒,空气相对湿度保持在 80% 左右,注意保持基质湿润而不积水,透气,环境通风,应随时清除病叶,并根据植株生长情况,及时调整肥水管理措施,1 个月后,可喷施液肥。蝴蝶兰试管苗见图 4-4、图 4-5、图 4-6。

图 4-4　蝴蝶兰组织培养

图 4-5　蝴蝶兰试管小苗

图 4-6　蝴蝶兰试管苗

五、栽培管理技术

（一）栽培计划的制订

蝴蝶兰的栽培分为两个阶段：一是生长阶段，自小苗至成熟株（图5-1，图5-2）；二是开花阶段，进行催花与切花出售（图5-3）。

1. 生长阶段

开始栽培时，较小型的品种或分级较小的小苗要在另一植床栽培。大型品种与较大等级可放置成方形排列，但是在叶幅开始接触之前要进行疏盆以避免长成又细又长的叶片。在欧洲，生长阶段所需植床面积约为总栽培面积的10%。

图5-1　小苗阶段的蝴蝶兰

图 5-2　中苗阶段的蝴蝶兰

2. 开花阶段

植株已发育成 3 ~ 4 片叶后,重新移植在 15 ~ 17 厘米盆中,盆器间距在此已可固定。具有较大叶幅的品种间距要加大。在兰株已成长至足够的大小,而且根系发育健全时,此兰株即可作为开花株。

蝴蝶兰在自然状态下栽培,一般在 3 ~ 4 月开花。生产中,使花期比自然花期提前的栽培方式称为促成栽培,使花期比自然花期延后的栽培方式称为抑制栽培,目的在于根据市场或应用需求按时提供产品,以丰富节日或平常的需要。如每到国庆节各大城市总能集春、夏、秋、冬各花开放于一时,极大地强化了节日气氛。一年中节日很多,元旦、春节、五一节、母亲节、情人节、圣诞节等,都需应时花卉。目前月季花、香石竹、菊花等重要切花种类由于采用促成与抑制栽培已完全能够周年供花。同时人工调节花期,准确安排栽培程序,可缩短生产周期,加速土地利用周转率,准时供花,还可获取有利的市场价格。因此,采取有效措施对蝴蝶兰的花期进行人工控制便成为蝴蝶兰生产中的关键环节之一。

春节上市蝴蝶兰一般从 8 月中旬左右开始进行处理,此时主要解决夜间降温和保证温差的条件,昼温降至 25 ℃,夜温降至 18 ℃,在此温度下蝴蝶兰由营养生长转化为生殖生长,开始形成花芽,需 30 ~ 45 天完成花芽形成的全过程。当花梗长到 15 厘米左右即低温处理 60 天左右时结束低温处理。北方地区春节期间上市应提前 160～170 天（即 8 月中下旬）进行低温催花处理，国庆节上市应提前 120 天（即 6 月初）进行低温催花处理。特殊品种（如绿花、红龙、特殊蜡质花品种）和特大苗（中苗换盆 8 个月以上）需提前 15～20 天催花。

图 5-3　开花阶段的蝴蝶兰

（二）品种及种苗选择

蝴蝶兰各品种花芽分化期一般在 7 月 15 日至 9 月 25 日，最早出箭期在 8 月下旬至10 月上旬。根据对这一阶段温度与花芽分化相关性的观察，以春节前开始上市为时间终点，可将蝴蝶兰分为 4 类（早花、中早花、中花、晚花）。早花品种在 11～12 月开花，开花太早，非销售高峰期。中早花品种元旦前后陆续开花，中花品种在春节前开花，晚花品种在春节前后开花。早花品种、中早花品种开花时非销售高峰期，价格较低。中花品种正赶上销售高峰期，价格最高。如春节在 2 月 10 日之后，晚花品种开花时期正合适；如春节在 1 月 20 日左右，花朵多数未达到开花标准，开花期偏晚。在栽培品种的选择上，应以早中花、中花、晚花品种相互搭配，以中花品种为主，中早花为辅，晚花品种的选用应以春节的具体时间而定。

种苗以组织培养苗为主，目前北方市场需求的品种以红色和粉色为主，如 04 系列、超群火鸟、大富贵、红龙、聚宝红玫瑰等，采购种苗时应占生产量的 80% 以上；白色系品种种苗（白花黄心和白花红心）占 10% 左右；其他色系品种种苗（黄、绿、黑、杂色等）市场需求较少，应低于 10%。

（三）育苗容器的选择

花卉种苗生产中常用的育苗容器有穴盘、育苗盘、育苗钵等。

1. 穴盘

穴盘是用塑料制成的蜂窝状的有同样规格的小孔组成的育苗容器。盘的大小及每盘上的穴洞数目不等。一方面，满足不同花卉种苗大小差异以及同一花卉种苗不断生长的要求；另一方面，也与机械化操作相配套。穴盘能保持根系的完整性，节约生产时间，减少劳动力，提高生产的机械化程度，便于花卉种苗的工厂化生产。我国 20 世纪 80 年代初开始利用穴盘进行种苗生产。常用的穴盘育苗机械有混料、填料设备和穴盘播种机，这是穴盘育苗生产必备的机械设备。蝴蝶兰生产中可用 72 孔育苗穴盘栽培小规格瓶苗，摆放于苗床上。

2. 育苗盘

育苗盘也叫催芽盘，多由塑料铸成，也可以用木板自行制作，用育苗盘育苗有很多优点，如对水分、温度、光照容易调节，便于种苗储藏、运输等。蝴蝶兰可用 50 孔（40 厘米×60 厘米）育苗盘固定摆放。

3. 育苗钵

育苗钵（图 5-4）是指培育小苗用的钵状容器，规格很多。按制作材料不同可分为两类：一类是塑料育苗钵，由聚氯乙烯和聚乙烯制成，多为黑色，个别为其他颜色，上口直径 6 ~ 15 厘米，高 10 ~ 12 厘米，育苗钵外形有圆形和方形两种。另一种是有机质育苗钵，是以泥炭为主要原料制成的，还可用牛粪、锯末、黄泥土或草浆制成。这种容器质地疏松、透气、透水，装满水后在底部无孔情况下，能在 40 ~ 60 分内全部渗出。由于钵体会在土壤中迅速降解，不影响根系生长，移植时育苗钵可与种苗同时栽入土中，不会伤根，无缓苗期，成苗率高，生长快。

图 5-4　蝴蝶兰育苗钵

（四）栽培容器的选择

栽培蝴蝶兰可用塑料盆或陶瓷盆,为使透气性良好,宜用浅盆,不宜用深筒盆,盆高最好小于直径。

1.栽培床（槽）

栽培床（槽）主要用于各类设施栽培中（图5-5,图5-6）,通常直接建在地面上。根据温室走向和所种植花卉的需求而定,一般是沿南北方向用砖在地面上砌成一长方形的槽,槽壁高约30厘米,内宽80～100厘米,长度不限。也有的将床底抬高,距地面50～60厘米,槽内深25～30厘米。床体材料多采用混凝土,现在也常用硬质塑料板折叠成槽状,或者用发泡塑料或金属材料制成。

在现代化的温室中,一般采用可移动式栽培床（图5-7）。床体用轻质金属材料制成,床底部装有滚轮或可滚动的圆管,用来移动栽培床。使用移动式苗床时,可以只留一条通道的空间,通道宽50～80厘米,通过苗床滚动平移,可依次在不同的苗床上操作。使用移动式苗床可利用温室面积达86%～88%,而在苗床间设固定通道的温室的利用面积只有62%～66%。提高温室的利用面积意味着增加了产量。栽培槽常用于栽植期较长的切花栽培。移动栽培床一般用于生产周期较短的盆花和种苗。

图5-5　辽宁省农业科学院蝴蝶兰栽培温室

图 5-6　大型蝴蝶兰苗生产温室

图 5-7　温室内可移动床架

不论何种栽培床(槽),在建造和安装时,都应注意:①栽培床底部应有排水孔道,以便及时将多余的水排掉。②床底要有一定的坡度,便于将多余的水及时排走。③栽培床宽度和安装高度的设计,应以有利于人员操作为准。一般情况下,如果是双侧操作,床宽不应超过180厘米,床高(从上沿到地面)不应超过90厘米。

2.花盆

花盆是重要的花卉栽培容器,其种类很多(图5-8),用于生产或园林应用。花盆主要有如下几类:

图5-8　蝴蝶兰礼品盆

（1）**素烧盆** 又称瓦盆,黏土烧制,有红盆或灰盆两种。虽质地粗糙,但排水良好,空气流通性好,适于花卉生长;通常呈圆形,规格多样。虽价格低廉,但不利于长途运输,目前用量逐年减少。

（2）**陶瓷盆** 陶瓷盆为上釉盆,常有彩色绘画,外形美观,但通气性差,不适宜植物栽培,仅适合做套盆,供室内装饰之用,除圆形外,也有方形、菱形和六角形等。

（3）**木盆或木桶** 需要用40厘米以上口径的盆时即采用木盆。木盆形状仍以圆形较多,但也有方形的。盆的两侧应设把手,以便搬动。现在木盆正在被塑料盆或玻璃钢盆所取代。

（4）**水养盆** 水养盆盆底无排水孔,盆面阔大而较浅,专用于水生花卉盆栽。

（5）**兰盆** 兰盆专用于栽培气生兰及附生蕨类植物。盆壁有各种形状的孔洞,以便空气流通。此外,也常用木条制成各种式样的兰筐代替兰盆。

（6）**盆景用盆** 其深浅不一,形式多样,常为瓷盆、紫砂盆或陶盆。山水盆景用盆为特制的浅盆,以石盆为上品。

（7）**塑料盆** 质轻而坚固耐用,可制成各种形状,色彩也极为丰富。由于塑料盆的规格多、式样新、硬度大、美观大方、经久耐用及运输方便,目前已成为国内外大规模花卉生产及流通贸易中主要的容器,尤其是在规模化盆花生产中应用更加广泛。

虽然塑料盆的透水、透气性能较差,但只要注意培养土的物理性状,使之疏松通气,便可以克服其缺点。素烧盆、陶瓷盆、瓦盆等在使用前需用水浸泡,旧盆必须清洗干净方可使用。

（五）栽培基质的选择

无土栽培基质是能为植物提供稳定、协调的水、气、肥结构的生长介质。它除了支持、固定植株外,更重要的是充当中转站的作用,使来自营养液的养分、水分得以中转,植物根系从中按需选择吸收。虽然营养液的 EC 值、pH、各养分浓度可以精确控制,但植物根系是与基质接触,从基质中吸收水分、养分。因此,基质对营养液的吸附特性直接决定了植物营养的供给情况,可以说基质决定营养液的灌溉管理技术。虽然目前对基质的研究取得了不少进展,但仍存有许多问题,有些基质造价很高,如泥炭、椰壳粉等,并且其中有的基质是不可再生的,有些基质所带杂菌较多,不符合卫生要求,有的基质配比不合理等,亟须进一步解决。

现代园艺作物栽培技术均以基质为基础进行,基质类型是影响蝴蝶兰生长及开花数量的主要因子之一,且基质决定植物根系的微环境,是植物所需水分、氧气、矿物质养分的载体。因此,栽培基质的选择是蝴蝶兰设施栽培中的重要环节。

蝴蝶兰的气生根对根际微环境氧气的含量要求较高,因此,在设施蝴蝶兰的无土栽培中,适宜的基质要求疏松、透气,有较强的保水、保肥能力,酸碱度适宜,不含有毒物质,对植物根系起到支撑作用。目前蝴蝶兰设施栽培中应用的基质根据类型可分为两大类:单一基质和复合基质。近年来,国外已经开发了泥炭、椰糠、树皮、木屑等有机基质,不但可以大幅度降低栽培成本,还减少了对环境的污染。我国对基质的研究起步较晚,"就地取材、因地制宜研究与发展"已经成为共识。

1.单一基质

(1)**水苔** 水苔大多生长于温带与寒带地区,我国的水苔主要生长在长江以南海拔较高山区的潮湿地或沼泽地。由于蝴蝶兰为气生兰,根系发达,要求栽培基质具有良好的物理稳定性、优良的疏松透气性和保水保肥能力,水苔的生物学特性成为兰科植物理想的栽培基质。我国台湾经多年试验研究,较早地将水苔作为蝴蝶兰规模化生产的栽培基质,具有成活率高、生长快、成本低、环保等优点,取得了良好的效果,使台湾蝴蝶兰产业成为国际闻名的行业。使用水苔作为栽培基质,栽植前应在 60 ~ 80℃水中浸泡 30 分,然后放掉水再浸一次清水,去除硬枝及杂草后,将水苔捞起用离心机甩干,以用力握水苔指缝间有水但不滴出为宜。

水苔作为基质应用有以下优点:①水苔茎部细弱,茎表皮及叶片均由中空的细胞构成,有较强的吸水、蓄水及透气能力,不易腐败,具有耐浸洗又耐干旱的特点,可长久使用。②水苔是一种天然基质,栽培容易,质量轻,种后基质不易脱落,便于花卉运输。③采用水苔为基质,换盆亦不必更新材料,可单独或和其他基质混合使用。④水苔属附生植物,内含丰富的有机质及氮、磷、钾、钙、镁、硫、铁等多种营养元素,用作栽培基质,可节约施肥量。

随着蝴蝶兰产业的蓬勃发展,越来越多的水苔品种被开发利用。随着对水苔研究的深入和生产经验的积累,水苔作为蝴蝶兰基质的一些弊端逐渐显现:①水苔具有较高的持水性且水分散失较慢,在生产中则表现为浇水后,蝴蝶兰根系在一段时间内处在低氧胁迫的环境条件下,容易烂根。②EC 值较高,保肥性较强,在生产中常造成无用阳离子的过度积累,以及对根系的盐分胁迫,这一现象在冬季气温低时尤其明显,常表现为根尖黑头,生产中常采用清水淋洗的方法,将过量盐分洗去。③耐久性差,长时间栽培后会产生酸化现象,影响根系对养分的吸收。

由于水苔产量有限,受到供应紧缺的影响,一些蝴蝶兰生产商推迟换盆时间或选择采用椰糠或树皮栽培蝴蝶兰以解决水苔缺货问题。

(2)**椰糠** 椰糠是椰子外壳的纤维粉末,是从椰子外壳纤维加工过程中脱落下的一种可以天然降解的环保型栽培基质。椰糠具有很好的保水、排水能力及适宜的 pH。椰糠资源化利用,不仅符合现代无土栽培技术发展的要求,而且具有较高的经济效益、环保效益与社会效益。

我国椰糠资源较丰富,其作为基质应用具有很多优点:①良好的保水性。椰糠的孔隙率为94%~96%,持水能力为8~9天,可以充分保持水分和养分,减少流失,有利于植物根系在生长过程中较好地吸收水分及养分。②良好的透气性。椰糠具有保温、保湿、通风透气、防止植物根系腐蚀的性能,能够促进植物根系生长,避免造成泥浆化。③丰富的养分。椰糠富含植物生产所必需的微量元素。④环保。椰糠原材料纯天然,不含病原体,能减少病虫害的发生,无化学添加剂,不易腐败,是一种可长久使用的有机基质。⑤类型多,易储运。椰糠可加工成多种类型的产品,椰壳纤维片可直接放入花盆种植,椰壳碎片可替代树皮,用于兰花盆栽和花坛装饰,椰糠经过压缩制成的各种产品,质量轻,储存空间小,易于运输,大大降低储运成本。

椰糠是一种较好的栽培基质,但是椰糠本身的含盐量很高,椰糠的总盐含量为0.628%,远远超过植物根系的耐受范围,造成养分失调现象,易对植物产生盐害,影响产量和品质。除了采用椰糠的复合基质外,还可以从营养液的配制、灌溉方式方面寻找解决措施。鉴于单一基质的局限性,在生产中建议采用混合基质。

(3)**树皮** 栽培用的树皮多为发酵树皮,呈颗粒状。目前国内开始使用树皮作为蝴蝶兰的栽培基质,代替其他基质进行蝴蝶兰盆花的种植。据了解,在日本和欧洲各国,用树皮做介质生产蝴蝶兰已经非常普遍,荷兰等欧洲国家几乎都用树皮栽培蝴蝶兰,日本则正逐年增加树皮栽培的比例。

使用树皮作为栽培基质具有以下优点:①降低了成本,树皮比水苔、椰糠便宜很多。②适合的品种多,栽培技术成熟,生长快。③和水苔、椰糠相比,树皮通气性良好。④在移植换盆时,树皮的优势大于水苔,便于机械化作业。

虽然用树皮作为基质有很多好处,但在使用过程中存在以下问题:①杀菌问题。用树皮栽培容易产生霉菌。②栽培技术问题。由于树皮保水、保肥特性略低,作为栽培基质,容易干燥失水,易造成蝴蝶兰开花品质不易维持,观赏品质下降。因此树皮使用前一般要进行至少7天的沤制,即用水浸泡,让每个颗粒充分吸水,恢复其保水性。树皮的浇水和施肥次数要比水苔多3~5倍,避免缺水与缺肥。③组盆问题。在组盆阶段,树皮容易松散,且在运输过程中,树皮颗粒松散抖落会伤害植株,组盆应用不及水苔作为栽培基质方便。

2.有机复合基质

目前在园艺作物栽培中应用的基质还有泥炭、棉籽壳、木屑、炭化稻壳、甘蔗渣、香木以及其他工业废弃物等有机物料。除泥炭外,其他均需经过合理堆制后才能使用。

(1)**泥炭** 目前泥炭是世界上公认的最好的花卉基质之一。我国东北地区蕴含丰富的泥炭资源,泥炭容重小,病菌少,本身含有一定的养分,总盐含量适中,缓冲性能强,可以单用,但是泥炭是一种疏水性基质,一旦干燥后,再吸水力差,作为单一基质存在一定的弱点,因此更多的是作为复合基质的主要物料。

(2)**棉籽壳** 棉籽壳容重小,持水性强,有机质含量高,但吸水、保水性能差。棉籽壳的 pH 较为适宜,碳氮比比较低,但总碳量较高,使用时由于微生物分解有机质消耗较多氮,应补充氮源。

(3)**木屑** 木屑来源丰富,容重小,持水性强,通透性好,基质较偏酸性,可与碱性基质混合使用,克服各自 pH 的不足。但未经腐熟的木屑由于微生物活动消耗氮,造成碳氮比比例失调,单独使用要补充大量氮肥。大部分针叶树木屑含有毒物质,在使用时尽量用阔叶树种且事先补充氮素,经腐熟后用。

(4)**炭化稻壳** 炭化稻壳容重小,搬运方便,病菌少,通透性好,含较多的氮、磷、钾等大量元素和锰、锌、硼等微量元素,但贮水性差,灌溉时要少量多次。

(5)**香木** 随着食用菌的发展,香木的来源丰富,容重小,吸水、保水性能比木屑好,碳氮比较木屑大大降低,但还是偏高,使用时应适当补充氮源。基质微偏酸性,适宜作物生长,并具有良好的离子交换特性,是一种较为理想的无土栽培基质。

3. 无机复合基质

在选择蝴蝶兰复合基质原料时,可以考虑一些无机物料,主要有蛭石、珍珠岩、岩棉、陶粒、泡沫塑料、海绵等。

(1)**蛭石** 蛭石含有效钾 5% ~ 8%,含镁 9% ~ 12%,pH 适宜,吸附能力适中,在国内外被广泛用作人工基质或复合基质的无机配料。

(2)**珍珠岩** 珍珠岩容重小,搬运方便,病菌少,但养分含量低,阳离子交换量小,持水能力弱,做基质使用远不及蛭石。

(3)**岩棉** 岩棉通透性能良好,持水性强,是国外切花与育苗的重要基质,但其不足之处是基质无缓冲能力,而且在岩棉栽培中,植物的根系容积较小,因此,岩棉栽培必须重视肥水管理,此外岩棉还很难降解,对环境存在极大的危险。

(4)**陶粒** 陶粒是一种工业生产的基质,通气、保水性好。

(5)**泡沫塑料** 泡沫塑料是以塑料为基本组分并含有大量气泡的聚合物材料,也可以说是以气体为填料的复合塑料,具有质轻、强度高、可吸收冲击载荷等优良特性。

(6)**海绵** 海绵在日本蔬菜无土栽培中作为基质被广泛使用,在国内蝴蝶兰组织培养苗水培中,海绵基质与其他基质相比,烂根率较高、成活率较低,因此海绵不适宜作为蝴蝶兰组织培养苗水培的固定基质。

使用无机物料作为栽培基质在蔬菜和花卉上有一些报道,但在蝴蝶兰设施栽培中尚未见相关研究,关于基质的选择及配比,还有待进一步研究。

人工栽培条件下,进行基质选择时,首先要充分考虑蝴蝶兰的原生境,为根系创造良好的水、气环境,所选基质要有足够的容重,以防止植物体过重而发生倒伏,但容重不易过大,否则会产生不易操作、增加成品运输成本的问题。其次要保证基质具有经济性和环保性,适于蝴蝶兰产业化生产。我国不同地区具有不同的基质资源,如何提高资源利用率,且不会造成空气、水体和土壤污染,用可持续发展的原则来选择蝴蝶兰栽培的基质,是今后蝴蝶兰栽培基质发展的方向。

(六)植株管理

1. 瓶苗出瓶、定植

移栽前先将瓶苗放入栽培温室中炼苗 2~3 周,光照度逐步增加到 4 000 勒,温度控制在 20~28 ℃,每天喷雾 3 次以保持空气相对湿度在 90% 以上,待叶片完全转绿后即可出瓶移植。瓶苗移植时,用长扁头镊子将瓶苗轻轻取出,尽可能不要弄伤根部及叶部,用清水将根系上附着的培养基冲洗掉,并去除黑根、黄叶,置于阴凉处晾干。瓶苗分大(两叶间距大于 4 厘米)、小(两叶间距小于 4 厘米)两级,发育过小者应及时丢弃,大苗宜种在直径 5.0 厘米白色软盆中,小苗还需种植在 50 孔穴盆中。种植前应准备好栽培基质及栽培容器。种植瓶苗时,先拿少许浸泡并甩干的水苔放于蝴蝶兰根的中间,使其根呈放射状向外排列,外围包裹一层水苔,然后种于软盆或穴盘中即可。包裹时松紧度要适中,过紧易引起烂根并滋生病害,过松则易引起植株固定不稳或脱水现象。水苔包住后将小苗竖直植于直径 5 厘米软盆的正中央,种后水苔低于盆沿约 1.0 厘米的横线处,定植后将小苗叶片按育苗盘对角线平行摆放,使心叶朝向一致。应将大小相同的苗种在一起,不然小苗被大苗遮住不易生长。专业生产商多用穴盘种植,一株一植可以避免再植取苗时伤根。定植后当天用 50% 多菌灵可湿性粉剂 800~1 000 倍液进行预防性杀菌。种植后第三天叶面喷施高磷肥(N∶P∶K=9∶45∶15)3 000 倍液。移植 7~10 天以叶面喷施纯净水为主,盆中水苔较干时用清水淋湿水苔。浇水用 EC 值 0.3 毫西/厘米以下的纯净水。定植后 20~25 天新根长出,有少量达盆沿时开始施肥,用高磷肥(N∶P∶K=9∶45∶15)3 000 倍液和高氮肥(N∶P∶K=30∶10∶10)3 000 倍液轮换浇施。

2. 换盆

当小苗生长至叶间距为(12±2)厘米、根系长满软盆底部且有一圈盘根时,即可移入 8.3 厘米软盆中。一般直径 5.0 厘米盆苗经 3.5~4 个月后可移植至直径 8.3 厘米软盆中,而穴盘苗则要生长 2.5~3.5 个月后先移植至直径 5.0 厘米软盆中,再经 2~3 个月后才能移至 8.3 厘米软盆。换盆时,先在软盆底垫入 4~5 块碎泡沫块以利于通风换气,将幼苗小心地从直径 5.0 厘米软盆中取出,尽量不伤到根。将所有根系(包括长出盆外的气生根)包裹在浸泡过的水苔中,松紧度仍需适中,以利于根的发展。小苗生长至中苗时,每月施一次复合肥液(N:P:K=15:20:25)2 000～3 000倍液。如采用纯净水应每月施一次微量元素(以钙、镁元素为主)。

当中苗在直径8.3厘米软盆中生长2.5～3.5个月,叶间距达(20±2)厘米,根系至少有一圈盘根时,可将中苗从软盆中轻轻取出,用消毒剪刀剪去烂根和烂叶(不用去掉原有水苔),在其外围再包裹一层水苔,松紧度适中,以根系不外露、不损伤为标准,放至直径11.7厘米软盆中,用手轻压基质,使蝴蝶兰的基部稳固,同时使基质表面低于盆的边缘。换盆时需对植株进行适当分级,将大小基本一致的放在一起,以利于日常管理(图5-9)。中苗经4～5个月,长至两叶间距16～22厘米,叶宽4～6厘米,叶长10～16厘米,叶4～6片,叶片肥厚、挺立,叶色浓绿,叶片开始互相遮挡(图5-10)。盆中根系已达盆底,在盆底有1～2圈盘根,有部分根长出盆外,成为标准中苗。将中苗换盆,准备水苔(进口水苔与国产水苔1:2),备好直径12厘米透明软盆及30厘米×50厘米12孔育苗盘和1厘米×1.5厘米×2厘米泡沫粒。取出中苗,先在软盆中放入3～4个泡沫粒,再将中苗竖直植于软盆正中央,按栽培盘宽边平行摆放,每盘12株,叶片受光面向东。栽种后盆内水苔低于盆沿约2.5厘米横线处。

图5-9　蝴蝶兰苗分级管理

图 5-10　蝴蝶兰种苗生长至叶片互相遮挡阶段

换盆要点：①不要伤到根尤其是新根。不然轻者生长缓慢，重者感染病菌导致死亡。②选盆不要太大，可以按二叶间距的一半作为参考盆径。③基质的紧实度，以种好后向上提苗时，不致脱盆为度。上部比下部紧一些，以便外界空气可以从盆的底孔进入。④不够大的苗继续种植在大盆或穴盘内，长势不良的苗及时废弃。⑤种植后基质应低于盆的边缘，以便留出空间在浇水时可以保住水。

小提示

换盆注意事项

①种植材料的紧实度，以种好后不能将蝴蝶兰从盆中拔起为标准。

②使用树皮和轻石种植时容易干燥，要特别注意浇水，并多施肥。

③由于小苗绝对不能缺水，故仍以水苔种植较理想。大苗使用树皮、蛇木屑、轻石种植则无妨。

④种植时，千万不可伤到植株，否则，叶子会逐渐变黄脱落，同时植株显得软萎，根和水苔也易腐烂。这时必须换盆，将腐烂的水苔和坏根丢弃，用新的水苔将根重新包起，栽入盆中。

下列情形也需换盆

①蝴蝶兰植株变老后,长势衰弱,因此最好将它换盆重新管理(图5-11)。

换盆时,先将植株从盆里拔起,除去老旧的种植材料和一部分旧根,在盆底放一块瓦片,然后将根部用水苔包起,放至盆里。使用蛇木屑或树皮种植时,应注意将种植材料塞得稍微紧些。

②种植材料陈旧腐烂时,尽管根部仍然很健壮,还是要移植换盆(图5-12)。将老旧的栽培基质去掉,换上新的栽培基质。

③如果是购买种在上釉陶瓷盆里的蝴蝶兰,当欣赏完花后,也要换盆。当植株从盆里取出来后,常常可以看到根和水苔都有腐烂的情形,此时要把腐烂的水苔和坏根去除,然后栽入新盆里。

④有时购买的蝴蝶兰,是将大小不同的蝴蝶兰多株合植在一起,当花开完后,也要换盆移植。按花株大小,选择适当的花盆分别种植。同样的,也可以将两盆以上的花苗合植在大盆里,栽植之时,先将花苗拉出,原有水苔不必打开,重新栽入新盆内。

⑤实在不能移植时,可将原来的花盆放在较大的盆钵中,用二重钵来种植,也有助于新根的生长。

图5-11 没有换盆的蝴蝶兰老株

图5-12 蝴蝶兰伸出盆外的根

3. 花期调控

根据中国花卉消费习惯,蝴蝶兰的消费主要集中在春节、中秋节、国庆节、元旦等重大节日。根据植物开花习性与生长发育规律,人为地改变观赏植物生长环境条件并采取某些特殊技术措施,使之提前或推迟开花,这种技术措施称为花期控制。

(1)**温度对花期的调控** 温度处理调节开花主要是通过温度质的作用调节休眠期、花芽形成期、花芽伸长期等主要进程而实现对花期的控制。温度对花卉的开花调节也有量性作用,如在适宜温度下植株生长发育快,而在非最适宜条件下进程缓慢,从而调节开花过程。

研究表明,花梗生长期间,温度的控制直接影响到花期的控制及兰花的品质。最适宜的昼温为 24~26 ℃,夜温为 16~18 ℃。但可根据各自的条件和需要自行调节,切记不要低于 15 ℃,不高于 30 ℃。如果花芽分化比较晚,需要高温催花,加快花梗的生长速度。最佳阶段应该是花梗高度在 15 厘米以上至现蕾以前。15 厘米以下提早加温会造成部分花芽分化失败,若现蕾后再加温会直接影响到开花的品质及花朵的数量。

花期调控的前提条件是必须满足低温需冷量,要求低于 18 ℃ 或昼夜温差达 8~10 ℃,处理 45 天左右,方可完成花芽分化。但此期间温度不得低于 15 ℃,否则会造成冷害,致使花芽滞育、僵蕾、脱落;若此期间温度持续高于 25 ℃,也会使花芽分化停滞。蝴蝶兰从低温处理至开花需经 120 天左右,因此可通过调节处理起始时间,实现蝴蝶兰周年生产。如需国庆节开花,应在 5 月底至 6 月初开始进行处理;需圣诞节、春节开花,应在 7 月 20 日进行低温处理;需春节开花,应在 8 月底开始进行低温处理;采用水帘、遮阳、向步道喷水、水池频换凉水等多种措施,使温度降至 18~20 ℃,持续 30 天左右,即完成花芽分化。当花梗长至 15 厘米时,可结束低温处理,否则会延迟开花。北方地区可充分利用高山气候温差变化大的自然条件,进行蝴蝶兰花期调控,满足市场周年供花,降低生产成本,提高经济效益。

☞ 使花开得好的条件:

①买健康和根群强壮的植株(图 5-13)。

图 5-13 健康植株

②用好的栽培基质种植(图5-14)。

轻石　蛇木屑

树皮

水苔

椰子壳　珍珠石

图5-14　栽培基质

③保持适当的湿度(图5-15)。

图5-15　保持适当的湿度

④低温时注意浇水和施肥(图5-16)。

图5-16　保持适当的湿度

（2）**氮、磷、钾对花期的调控**　氮对叶片的形成有较大影响,含氮高的植株叶片数较多;磷在花芽分化中起主要作用,增施磷肥可促进花芽分化;钾和氮有利于花茎伸长,它们对花茎的生长有着重要影响。Klebs曾提出花芽分化的碳氮比学说,认为植物体内含氮化合物与糖类含量的比例是决定花芽分化的关键,当糖类含量比较多、氮化合物含量少时,可以促进花芽的分化。控制土壤水分含量,使用氮含量低和磷、钾含量高的肥料是常规的催花方法。

催花前2个月,一般会补足磷、钾肥,减少氮肥的施放量,将肥料氮、磷、钾比例从20:20:20改为10:30:20,一般控制在每隔10天采用灌根的方式浇水1次。到正式降温催花时,氮、磷、钾比例改为9:45:15,至花梗95%长出后改用10:30:20。肥料的浓度依品种、根系的好坏以及施肥时段的天气情况而定,可根据具体情况做相应的调整。肥水的EC依各地的水质不同而不一样,肥料水的EC应控制在0.40~0.55。按以上条件,经低温处理3周会有花梗长出来,一般30~45天有95%的花梗抽出来。分生苗的花梗会出得比较整齐,实生苗的话,因为每株性状不同,所以花梗及开花差别很大。花芽分化后,应继续维持催花的温度及肥料。若马上改变它的温度及肥料,将花梗苗移至25~30℃的环境下,有大部分花芽会变为腋芽,造成催花失败。

（3）**激素对花期的调控**　虽然植物生长调节剂在花卉上曾开展过大量的试验研究,但是在生产上的应用却并非想象中的那样广泛,这可能与该类药剂作用的复杂性有关。植物生长调节剂应用的特点为:相同药剂对不同植物种类、品种的效应不同;不同生长调节剂使用方法不同;环境条件明显影响药剂施用效果。植物生长调节剂在开花调节上的应用有:促进诱导成花;打破休眠促进开花;代替低温促进开花;防止莲座化,促进开花;

促进生长;抑制花芽分化,延迟开花。

蝴蝶兰抽出花序形成花蕾后使用激素对植株喷雾和花芽分化前使用溶有激素的羊毛脂涂抹蝴蝶兰茎基部都能使蝴蝶兰提前开花。用100毫克/升和150~200毫克/升赤霉酸(GA_3)喷雾处理抽出花序形成花蕾后的植株,分别使蝴蝶兰提前开花11天和17天;用150~200毫克/升 GA_3 羊毛脂涂抹蝴蝶兰茎基部能使蝴蝶兰提前开花10~12天。在使用 GA_3 时加入等量的IBA或吲哚乙酸(IAA)可减少畸形花的发生。

(4)**花期调控方法** ①空调催花:用空调催花虽然成本较高,但温度易控制,也不用来回搬运,开花后的品质比较有保障。从日本周年出货的经验看,最佳温度模式为,昼温22~24℃,夜温18~21℃。一般处理1个月左右即可发现花梗从蝴蝶兰基部长出,4个月左右可以开花。为了保证品质,直至出货前1周,均在温室内管理。为了适应外界环境,在出货前1周,一般要在室温下进行驯化处理。②高山栽培:为了降低成本可以考虑高山栽培,即利用海拔800米以上的冷凉山地,对蝴蝶兰进行催花处理。一般在花梗长到40厘米以上时,运回普通温室栽培。为了尽量避免淋雨及病虫的危害,需要搭建简易塑料温棚。高山栽培由于下山上山地搬运,易造成植株损伤,难免对花的品质造成不良影响。其中,华南地区元旦、春节开花,可在8月底至9月初上山,10月中旬下山;北方地区中秋节、国庆节开花,可于5月底至6月初上山栽培至出货时下山;云南四季如春,只需适当加温,适宜作为催花基地,当花梗长到40厘米左右时,运到销售地的温室待开花后销售。③细雾催花:利用水分蒸发吸收热量的原理,用细雾喷温室空间及叶面,降低温室及叶面温度,达到催花目的。也可增大湿帘面积,通过湿帘降温的办法催花,该方法适合于北方干燥地区,但由于栽培场所湿度大,花瓣易发生灰霉病。用细雾喷时应注意水滴要细,水要干净。

(5)**北方地区设施栽培花期调控关键技术**

1)催花时间要求

蝴蝶兰植株成熟后(出瓶栽培15~18个月)即可进行催花处理。北方地区春节期间上市(图5-17)应提前160~170天(即8月中下旬)进行低温催花处理,国庆节上市应提前120天(即6月初)进行低温催花处理。特殊品种(如绿花、红龙、特殊蜡质花品种)和特大苗(中苗换盆8个月以上)需提前15~20天催花。

图5-17　2014年春节期间准备上市的北方温室内的蝴蝶兰

植株的成熟标准:中苗换盆后经过 4~5 个月,叶 4~6 片,两叶间距 28~35 厘米,叶宽 8~10 厘米,叶色浓绿,叶片肥厚挺立,单轴茎较饱满。盆中根系已基本饱满,根系粗壮有活力。此时植株已经成熟,可以进行催花处理。

2)催花前期管理 在低温催花处理前 30 天进行,昼温 28~30 ℃,夜温 20~23 ℃,结合增加光照,促进植株积累养分,以便日后更好地向生殖生长转化,此时光照度为 25 000~40 000 勒。在温室通风良好的情况下,空气相对湿度控制在 60%~80%。施用 1~2 次高磷肥(N:P:K=9:45:15)2 000 倍液,促进花芽分化,栽培基质的 EC 值和 pH 要经常测试,合适的 pH 为 5.5~6.5,EC 值为 0.7~0.9 毫西/厘米。

3)花芽分化期管理 春节上市蝴蝶兰一般从 8 月中旬左右开始进行处理,此时主要解决夜间降温和保证温差的条件,昼温降至 25 ℃,夜温降至 18 ℃,在此温度下蝴蝶兰由营养生长转化为生殖生长,开始形成花芽,需 30~45 天完成花芽形成的全过程。当花梗长至 15 厘米左右即低温处理 60 天左右时结束低温处理。光照度为 25 000~30 000 勒。控制空气相对湿度为 60%~70%,适当控制盆内水分,保持盆内基质干燥。根据天气情况,轮换施用复合肥(N:P:K=15:20:25、高磷肥 N:P:K=9:45:15)2 000 倍液浇透水,并每隔 3~5 天用海藻精混合复合肥(N:P:K=10:30:20)3 000 倍液叶面喷施。

4)花梗伸长期管理 由于花芽出现时间有所不同,花梗高度也有所差别,需要每天进行同高度花梗的挑选,分别进行管理,花梗株要整齐摆放,让叶片南北伸展并使主花梗在北侧。当花梗长至 20 厘米左右时,用长 30~55 厘米包塑铁线固定花梗,使花梗竖直向上生长。控制昼温为 25~28 ℃,夜温为 18~20 ℃。光照度一般为 20 000~25 000 勒。控制空气相对湿度为 60%~70%。待盆中水苔微干时轮换施用复合肥(N:P:K=10:30:20)和(N:P:K=20:20:20)2 000 倍液,7~9 天浇 1 次肥,增加花梗的硬度。每隔 5~7 天用海藻精混合复合肥(N:P:K=10:30:20)3 000 倍液叶面喷施。在此时期应注意红蜘蛛和蓟马等害虫的危害。

5)现蕾期管理 现蕾期设施内温度较低,管理主要措施是保温,温度不能低于 15 ℃,光照度尽量保证在 20 000 勒以上,适当喷施复合肥(N:P:K=10:30:20)和(N:P:K=20:20:20)叶面肥。注意避免基质过干、根系受损及内部环流造成的长时间强风吹拂。此时期温度可根据上市时间进行调节,如需出花快则控制昼温为 26~29 ℃、夜温 22~26 ℃并适当保持基质干燥;如需慢出花则控制昼温为 23~25 ℃、夜温 15~18 ℃并保持基质湿润。

6)成花株管理 为了保证成花的长花期,保证温度调整上市时间的同时,需要降低肥料浓度和适当低温驯化。

成花株的具体管理措施:蝴蝶兰从开第一朵花起应减少施肥量,当水苔微干时,可用复合肥(N:P:K=15:20:25)3 000~5 000 倍液浇灌,保持基质湿润。开花期适宜光照度为 12 000~20 000 勒,温度 18~28 ℃,相对湿度 55%~65%。施用高钾肥(N:P:K=5:

11:26)可使花色更加艳丽,施用海藻精或适当补充钙、镁元素可增加花的厚度、延长花期,开花期应尽量避免肥液、药液喷溅到花朵上影响花朵的质量。

4.开花期管理

开花后夜温保持不变,昼温降到 22 ~ 24℃,光照度可适当减弱至 15 000 ~ 25 000 勒,这样可延长花期。空气相对湿度控制在 65% ~ 80% 为宜,仍施用速效肥(N:P:K = 20:20:20)2 000 倍液,每 7 ~ 10 天浇施 1 次。当花枯萎后,应及时将花从基部上 3 ~ 4 厘米处剪掉,可减少养分的消耗,从而保证塑年能正常开花。

蝴蝶兰经过夏季高温后,秋季夜间温度降至 16 ~ 18 ℃,经 45 ~ 50 天可以形成花芽。花芽形成后,夜间温度保持在 18 ~ 20 ℃,3 ~ 4 个月即可开花。蝴蝶兰的花序长,花梗细,花朵大,易倒伏,当花芽长出后,可用铁丝或竹片等作支架固定并做成各种造型(图 5-18)。蝴蝶兰的花期长,整个花序的花期可长达 2 ~ 3 个月。单朵花可开 30 ~ 40 天。

图 5-18　蝴蝶兰支架固定片互相遮挡阶段

(1)**花枝的定型**　蝴蝶兰花序长,花朵多而大,盆栽时需立支柱,防止花茎倾倒或折断,影响花容。当花梗抽出时,为避免花梗扭曲或花朵朝向排列混乱,应插入插杆进行牵引,并用塑料夹固定花梗以对花梗造型。当花梗长至 35 厘米左右时,用 60 ~ 70 厘米包塑铁线竖直插在花枝旁,并用扎线 1 ~ 2 节轻轻固定花梗较硬部分,使花枝竖直向上生长,见图 5-19、图 5-20、图 5-21、图 5-22。待花枝长至 50 厘米左右有一朵花开放时,注意调整花朵的受光面,将铁线从第一朵花下约 10 厘米处向前弯曲,末端微向斜下方伸展,并用2~3节扎线将花枝固定在铁线上,让花梗末端向南微倾。由于蝴蝶兰的装饰效果好,生产企业和花店对蝴蝶兰花枝的造型十分讲究,往往通过精心加工和组合,成为一件件艺术作品,从而提高了蝴蝶兰的商品价值。

图5-19　插入插杆

图5-20　花梗牵引

图 5-21　花梗造型

图 5-22　花梗定型

（2）**产品花的质量**　蝴蝶兰花期与催花处理、种苗健康程度、后期环境驯化有直接关系。高标准的工厂化蝴蝶兰成品花栽培应具备植株健壮，花梗粗壮，高 50～75 厘米；花朵向光性良好，间距有序，花色鲜艳，花瓣厚实，花朵直径可达 8～13 厘米，8 朵花以上占 80%，12 朵花以上占 30%。叶片保持 4～6 片，叶色浓绿，叶片坚挺；根系较粗壮，有少量气生根裸露，没有烂根现象（图 5-23）。

图5-23　作为商品的蝴蝶兰

5. 二度开花的方法

蝴蝶兰花的寿命很长,如果早期把花茎切下,做成切花,可以促使其二度开花。留下3节花茎,如果栽培环境适宜,10天左右便会从花腋再度长出花芽,2个月后,就可以开花(图5-24,图5-25)。

于花茎2~3节
处将花茎切下

图5-24　切花位置

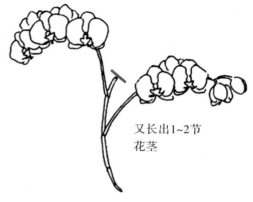

又长出1~2节
花茎

图5-25　二度开花

（七）环境调控

温室环境的调节主要包括温度、光照和湿度三个方面，这三方面的调节是相互联系的。

1. 温度

原生蝴蝶兰主要分布在热带低海拔地区和沿海。目前大量栽培的优良品种，主要是用原产热带地区的原种杂交培育出来的，对温度要求较高，耐寒力差。栽培最适昼温 25～28℃，夜温 18～20℃，幼苗 23℃，花芽分化 18～20℃，开花最适温度为 28～32℃，在这样的温度条件下，蝴蝶兰几乎全年都可处在生长状态。蝴蝶兰对温度十分敏感，长时间处于 15℃ 时则会停止生长。在 15℃ 以下，蝴蝶兰根部停止吸收水分，造成植株本身的生理性缺水，老叶变黄而脱落，或叶片上出现坏死性黑斑后脱落，再久则全株叶片脱光，植株死亡。低温胁迫下蝴蝶兰叶片叶绿素含量大幅降低，其叶绿素系统的合成作用受到一定程度的抑制。当夜温在 9℃ 以上时，大部分蝴蝶兰的叶绿体和光合机构不会受到严重伤害，转入正常生长温度下可得到恢复；夜温 6℃ 时，则会受到严重伤害，且不能完全恢复。虽然蝴蝶兰喜高温，但温度超过 30℃ 时要注意通风降温，要避免 33℃ 以上的连续高温。否则蝴蝶兰会因过热造成伤害，严重时会使植株死亡。低温才能促成蝴蝶兰的开花。首先保持温度在 20℃ 持续 2 个月以上，此后将夜间温度降至 18℃ 以下，45 天后形成花芽。花芽形成后夜间温度保持在 18～20℃，白天保持在 25～28℃。3～4 个月后可开花。诱导开花的最适昼温 25℃，夜温 20℃，更低温度虽然可提早开花但均引起一定数量的花败育。

温室温度的高低，主要是加温（包括日光辐射热加温和人工加温）、通风和遮阴的综合结果。通常在冬季除了充分利用日光以增加温度外，尚需人工加温。春、秋二季则视南北地区气候的不同和花卉种类的不同要求，来决定加温与否。夏季天气炎热，室内温度很高，一般盆花均需移植室外，在荫棚下栽培。温度的调节：升温利用加热设备及保温措施，降温采用湿帘降温及开启风口、门窗降温的方法。

温室内的温度情况可用温度计测定（图5-26），尽可能多布测点，以了解整栋温室的温度分布情况，最好使用自动温度记录仪，以了解夜间的温度状况。智能温室内可采用温控探头自动控制室内温度，温度降低至比最低限度高 2℃ 时，应闭棚加温，可利用温室加温机或锅炉热水加温。温度升至最高温度限度时，启动风扇或风扇加湿帘风机系统

图 5-26　温室的温、湿度测定

降温。高温季节,外界温度高于25℃、空气干燥,室内温度高于最高温度时,湿帘可常开启。

小提示

四季温室温度管理注意事项

▲春季　开花期如果室温较低,花瓣上容易产生斑点。如果夜晚温度偏低,则应放在塑料布围绕的温室里,并使用孵小鸡用的电灯泡加温,温度必须保持在15℃以上。花谢之后,气温回升,要把温室的窗户都打开,使室内通风,以防止温度上升过快。

▲夏季　过了梅雨期,气温急剧上升,此时要注意调节温度,以28～30℃为宜,温度过高时应打开窗户通风,以降低室内温度。如果连续高温而不加以调节,会使植株进入半休眠状态,影响将来花芽分化。

▲秋季　温室开始准备保温设施,使夜晚温度在15℃以上,最低不得低于10℃。夜间温度如果突然急剧下降以致过低时,要尽量减少浇水,以保持室温。

▲冬季　温度以17～18℃为宜,夜晚必须保持在15℃以上。如果低于10℃,而栽培基质又过于潮湿时,叶片会变成褐色,甚至落叶,同时易发生根腐病。另外,冬季也是花蕾形成期,温度过低,会影响开花。

---

2. 光照

蝴蝶兰对阳光的要求比卡特兰、石斛兰弱些,原生蝴蝶兰生长在森林中,有良好的树荫遮蔽强烈的阳光,阳光直接照射的地方是没有野生蝴蝶兰分布的。蝴蝶兰的叶片虽然宽大、肥厚,叶片储存有丰富水分,但叶表的角质层和抗干旱结构比较差。所以一旦遇到阳光直射,水分丧失较快。水分补充不及时,叶片很容易被灼伤。因此,栽培蝴蝶兰切忌强光照射,应当给予良好的遮阴,如受烈日暴晒会灼伤叶片,使叶片老化,失去光泽,甚至死亡。当然光线太弱,植株生长纤弱,也容易得病。

设施栽培中不同发育时期的蝴蝶兰要采用不同的遮光强度。幼苗所需的光照应弱些,中苗、大苗和成苗则较喜光,要有适当的阳光照射。光照太弱会造成徒长及影响开花。光强与温度之间相互作用,低温条件下可忍受较高光强度,而高温则需采用较低光照。蝴蝶兰生长所需的光照较弱,随着花苗的生长,要求的光照度逐渐增大。

(1)**瓶苗期光照**　在蝴蝶兰瓶苗出瓶前,需要炼苗2～3周,此时采用光照逐渐增加的方法,光照度控制在2 000～4 000勒。

(2)**幼苗期光照**　出瓶后小苗阶段是蝴蝶兰的根系奠基期,此阶段光照不要太强,小苗出瓶后20天内光照度应保持在2 000～3 000勒,尤其是分生苗;如果蝴蝶兰根系发育不好,光照度适当再暗些。出瓶后 20 ~ 40 天,光照度可控制在 3 000 ~ 6 000 勒,出瓶后 40 ~ 90 天,光照度可控制在 6 000 ~ 8 000 勒,出瓶 90 天后可控制在 8 000 ~ 10 000 勒。

（3）**中苗期光照** 在蝴蝶兰设施栽培的中苗阶段,刚换完盆时需 10 000 ~ 12 000 勒的稍弱光照以利于生根,待缓苗后光照度要达到 12 000 ~ 18 000 勒,以促进叶片生长。

（4）**大苗期光照** 在蝴蝶兰大苗阶段,光照度在缓苗期应控制在 10 000 ~ 12 000 勒,以利于缓苗、生根。正常生长时光照度控制在 15 000 ~ 18 000 勒,若光照度过低会造成蝴蝶兰养分积累不足、徒长,不利于花芽分化和开花。

（5）**花期调控阶段** 可通过调节催花处理的时间,实现蝴蝶兰在国庆节、中秋节、元旦及春节时开花上市,增加经济效益。大苗经过营养生长后,叶距达 30 厘米左右,生长健壮且球茎大而饱满时,可进行催花。催花期间要温度与光照相协调管理,温度设在适宜温度的下限,光照度可提高到 30 000 ~ 35 000 勒。开花期光照度可适当减弱至 15 000 ~ 25 000 勒,目的是延长花期。

蝴蝶兰在规模生产时,常用遮阳网,根据季节变化、栽培环境的光照度来调节遮阳网的密度进行不同的遮光处理。一般春、秋季遮光 50%,夏季遮光 60% 左右,冬季遮光 20% ~ 40%,这样有利于兰株的生长发育。北方地区冬季日照时间短,光照弱,应适时摘除遮阳网,到春季光变强时,再及时遮光避免强光灼伤叶片。南方阴雨天多,遮阳网最好可自由开启,以尽量满足光照要求。光照不足时,也可用农用钠灯补光栽培。为了使蝴蝶兰均匀地照到阳光,在架子上码放时,要行列对齐有序,同时考虑新叶长出的空间,避免叶子相互重叠,影响采光。

小提示

四季温室光照管理注意事项

▲春季 蝴蝶兰最怕强光直射,即使是春季,也需遮光 40%。因此当阳光逐渐加强时,最好加一层遮阳网来遮挡阳光,并经常换气,以免温度升得太高。

▲夏季 在盛夏溽暑,可利用两层遮阳网,遮去 60% 的强光,以防止叶片灼伤。

▲秋季 中秋节过后,需要去掉一层遮阳网,只要遮光 40% 左右即可。

▲冬季 遮光约 20%。如果温室四面已有塑料布,则可不加遮阳网。

---

3. 湿度

蝴蝶兰喜欢在空气相对湿度为 75% ~ 80% 的环境中生长。为了增加空气相对湿度,浇水一般用喷浇。温度高时,利用湿帘加风扇增湿;温度低时,通过室内地面洒水增湿,注意勿洒至苗株上。在炎热的夏季,为了降温增湿可每日喷浇适量的清水。而在冬春季节,由于气温偏低可半个月左右喷浇1次。若空气相对湿度过高,应降低湿度。注意浇水时间,下午勿太晚喷雾或浇水,阴雨天勿喷雾或浇水;低温时开启环流风机;清除地面绿苔。蝴蝶兰的根部忌积水,喜透气和干燥,如水分过多,容易引起根部腐烂。通常浇水后5~6小时盆内仍很湿,就会引起根败。浇水最好在每天的上午,尤其冷凉季节不适合下午喷水,下午5点后要保持叶面干燥,避免叶片和叶柄滞水过夜而引起病害或冻伤,甚至落叶。浇水时要依据盆栽基质来定,一次浇水后需基质稍干后再浇水,高温生长旺盛期需水多,多浇水;休眠期少浇水。如果温度低于18℃时要降低空气湿度,湿度太高易引发病害。在生长期要适当给予喷雾,增加空气湿度,最好在花台上设水池,铺上卵石,把盆放在卵石上,不受水渍,一般来说全年均应保持70%~80%的空气相对湿度。

蝴蝶兰生长对湿度要求较高,但蝴蝶兰苗期与开花期对湿度的要求不同。苗期的理想空气相对湿度从昼间的70%逐步过渡到夜间的90%。花期的理想空气相对湿度从昼间的60%逐步过渡到夜间的80%。北方地区比较干燥,特别是春、秋两季,外界湿度非常低,而晴朗的白天室内温度比较高,如果用通风降温,室内湿度降得太低,对蝴蝶兰生长不利。可以考虑用细雾降温的办法。南方地区夏季阴雨天多,湿度大,易引起病虫害,要加强通风,最好用除湿机除湿。

增加温室空气相对湿度的方法:①可以在温室周围多种花草树木(温室南面的树木不宜过高,不然容易挡光);②除走道外,不要做成水泥面,以泥面或铺沙石地面为好;③向地面喷水或灌水;④用加湿器加湿;⑤细雾加湿。

降低温室空气相对湿度的方法:①开窗通风,抽风机抽风;②除湿机除湿;③增温降湿。

小提示

四季温室湿度管理注意事项

▲春季　等盆钵干燥时再浇水。若遇春雨,可减少浇水,以降低湿度,以免花朵发生黑点。

▲夏季　在梅雨时期要注意降低湿度。在盛夏酷暑的傍晚最好对叶片实施喷雾,不但可以降低叶片温度,还可增强植物的呼吸功能。

▲秋季　空气相对湿度保持在80%左右,因此也要常对叶面喷雾。

▲冬季　冬季的白天干燥,湿度容易下降,此时宜在通道上洒水,以维持湿度。花蕾出现时,更要注意增加湿度。

4.通风管理

蝴蝶兰对环境条件的要求非常严格,除了要严格地控制温度、光照、湿度之外,设施栽培中通风管理也十分重要。没有良好的通风,不可能长出健壮的植株。植株的呼吸作用、光合作用以及病虫害的防治都有赖于良好的通风管理。通风还可以调节栽培环境的温度、湿度及空气的新鲜程度,有利于蝴蝶兰健康生长。

通风:一是指外界新鲜空气与栽培空间空气的交换;二是指栽培场所内部及植株周围的空气流动。空气中主要成分氧气、氮气以及二氧化碳,都是植物进行光合作用和呼吸作用必不可少的气体。不注意通风会使有益的气体成分减少而有害气体成分增加,造成病菌积累及害虫增多,危害蝴蝶兰的正常生长发育。

一氧化碳、二氧化硫等废气,对蝴蝶兰是十分有害的。这些气体对植株会造成慢性伤害,植株变小、花变小、花数变少、花期变短。如果在花芽分化及开花期,会造成落花落蕾。用简易土炉供暖的房间或温室,须十分小心有害气体对人及花造成的危害。乙烯气体,可以催熟果实,但如果在开花期,就可以使花朵提早枯萎。枯枝败叶、凋谢的花,都会放出乙烯,也容易成为病虫的栖息地,所以应及时清除干净。

通风可以开启窗户或启动排风扇,进行内外气体交换(图5-27)。室内可以安装搅拌风扇,使室内气体处于流动状态,有利于抑制病菌的繁殖。这和所谓的流水不腐是一样的道理。植株放置不要过密,不然通风不良,而且叶与叶重叠影响植株接受光线。在温室栽培时,特别是冬季栽培,为了保温将温室密闭,晚间的二氧化碳浓度接近零,严重影响光合作用效率。所以不论天气多冷,必须在白天进行通风透气,不要直接将冷风吹向植株,风速不宜过大,以和缓为好,时间可以短一些。如有可能不妨在晚上用二氧化碳施肥增加其浓度。

图5-27　温室的通风管理

小提示

春、夏、冬季温室通风管理注意事项

▲春季　在温暖的晴天,可以使室外的新鲜空气进入温室中,虽然温度会稍微下降,但会促进植株的生长发育。

▲夏季　此季温度太高时,通风不良容易落叶。尤其是梅雨季时,湿度过高,一定要保持通风良好。

▲冬季　在保持高温多湿的同时,可以使用环流扇,促进空气流通。

5.肥水管理

(1)**浇水**　蝴蝶兰具有肥厚的叶片和粗壮的气根,使其具有较好的持水能力,在一般情况下,十天八天不浇水植株亦不会旱死。但我们的栽培环境一般没有蝴蝶兰原生态环境那样较高的空气相对湿度,为了能使它更好地生长,给予适当的浇水是必要的,但每次浇水间隔时间应视栽培基质及天气情况而定。一般来说,在夏、秋季节的晴天,每天浇1~2次水;在湿度较大的春季,可1天1次或2天1次浇水;在冬季则要视气温的高低灵活掌握。此外,还应根据栽培基质的保水程度和种植方式分别处理。

蝴蝶兰的根部忌积水,喜通风和干燥,如果水分过多,容易引起根系腐烂。通常浇水后5~6小时盆内仍很湿,就易引起根部腐烂。盆栽基质不同,浇水的时间间隔不同。苔藓吸水量大,可间隔数日浇水1次,蕨根、蛇木块、树皮块等保水能力差,可每日浇水1次。当看到盆内栽培基质表面变干,盆面呈白色时浇水。生长旺盛时期浇水量要大,休眠期浇水量小。温度高,植株蒸发吸收水分快,应多浇水,温度低应少浇水。温度降至15 ℃以下时严格控制浇水,保持根部稍干。刚换盆或新栽植的植株,应相对保持盆栽基质稍干,少浇水,以促进新根萌发,也可避免老根系腐烂。冬季是花芽生长的时期,需水量较多,只要室温不太低,一旦看到盆栽基质表面变白、变干燥,就应及时浇水。蝴蝶兰新根生长旺盛期要多浇水,花后休眠期少浇水。

浇水管理要点:①对水的要求:只要没有污染,雪水、雨水、井水、自来水都可用。pH高于7,电导度过高或某些元素的离子浓度太高的水均不适合蝴蝶兰。北方地区硬度大的井水,应经过水处理机处理后使用。水的酸碱度最好能用pH试纸或pH仪测定一下,大于7时可以用柠檬酸进行调节,直至pH小于7。自来水应储存72小时以上方可浇灌。②浇水时间:春、秋两季每天下午5点前后浇水1次;夏季植株生长旺盛,每天上午9点和下午5点各浇1次水;高温季节中午和傍晚不宜浇水,以免心叶积水引起烂根。冬季光照弱,温度低,隔周浇水1次已足够,宜在上午10点前进行,冷凉季节不适合下午浇水,下午5点后要保持叶面干燥,避免叶片和叶柄滞水过夜而引起病害或冻害,甚至落叶,这是必须特别注意的。③浇水频率:浇水的原则是见干见湿,宁干勿湿。浇水应视生育状况、生长阶段、气温高低、季节、盆及基质的不同而有所区别。当栽培基质表面变干时再浇一次透水,水温应与室温接近。生长旺盛期多浇水,休眠期少浇水;小苗可适当多浇水,成株适当少浇水;苗大盆小的多浇水,苗小盆大的少浇水;温度合适时多浇水,温度低则少浇水;晴天多浇水,阴天少浇水,雨天不浇水;长势好的多浇水,长势不良的少浇水,病株不浇水。④浇水方式:贮水池内的水,经水泵加压,通过胶皮管向盆内浇水。浇时要一次浇透,可以看到有水从盆底流出。如果很长时间没有浇水,基质的吸水能力小,就像已经很干的毛巾,需要在水中泡一会才能湿透的道理一样,需要向盆内浇水多次。穴盘苗阶段,可在胶管上加喷头,进行喷淋浇灌。如遇寒潮来袭,不宜浇水,保持干燥,待寒潮过后再恢复浇水。当室内空气干燥时,可用喷雾器直接向叶面喷雾,见叶面潮湿即可,花期喷水不可将水雾喷到花朵上。

（2）施肥　蝴蝶兰生长快,需要的肥量比一般兰花多,一般采用薄肥多施的原则。最常用、最简便的方法是液体肥料结合浇水施用,先将原液倒入塑料桶内,然后加水稀释,并搅拌均匀。掌握的原则是少施肥、施淡肥。平时施肥可用 1 000 ~ 1 500 倍水溶性速效肥,每 2 周喷洒 1 次。国内常用的有多多、花宝等。另一类是缓释肥料,如奥绿肥。若肥料为粉末状,先将称好的肥料溶解,再将溶液当原液稀释成适当的倍数。幼苗未开花前氮肥比例可多些,接近成株时要提高磷、钾肥用量,尤其已开花的成年株,每年谢花后要及时补充氮、磷、钾肥,秋季再增加磷、钾肥的用量,以促进花大色美。换盆宜在春季开花后或秋凉后进行,夏季酷热,不适合换盆。换盆时可用少量缓释肥料(如腐熟饼肥等)施入盆内基质中。南方夏季高温时应停止施肥,否则对植株生长不利。蝴蝶兰的施肥一般也采用喷施,方法是每周喷施 1 次 0.1% 高氮叶面肥。为维持较高的空气相对湿度,蝴蝶兰一般每天通风 2 ~ 3 小时。

春季只能施少量肥,开花期完全停止施肥,花期过后,新根和新芽开始生长时再施以液体肥料。每周 1 次,喷洒叶面或施入盆栽基质中,施用浓度为 2 000 ~ 3 000 倍。营养生长期以氮肥为主,进入生殖生长期,则以磷、钾肥为主。蝴蝶兰幼苗期、生长期、开花期对养分的需求量不同,根据其不同生长发育阶段对矿物质养分的需求配制的复合肥料在生产上使用效果很好。蝴蝶兰栽培水肥的具体操作视品种的开花期而异,如春、夏季开花的,3 ~ 8 月以施营养肥为主,视长势每月交互或混施 1 ~ 2 次麸饼水(100 ~ 200 倍液)或复合肥(1 000 倍液),9 ~ 11 月以施磷酸二氢钾(1 000 倍液)为主的开花肥 2 次以上。

延伸阅读:蝴蝶兰不同生长阶段的肥水管理

☞小苗阶段的肥水管理(图5-28):组培苗出瓶后 3 ~ 5 天不宜灌肥、浇水,但需马上进行杀菌处理。可用 50% 多菌灵可湿性粉剂 1 000 倍液叶面喷雾,隔天喷生根粉。经 3 ~ 5 天过渡期后,喷施复合肥(N:P:K＝30:10:10)2 000 倍液,以水苔全湿为标准。1

周后,据小苗干湿情况进行灌肥,此时以高氮、低磷、低钾为施肥原则。

图5-28　蝴蝶兰小苗

☞中苗阶段的肥水管理(图5-29):经4个月培育后,小苗长成中苗,此时应换盆。光照度可提高至20 000勒。施肥频率加大,施肥原则为低氮、高磷、高钾。中苗时期要注意新叶的走向与长势,一般按东西走向放置,并定期对叶片进行反转。

图5-29　蝴蝶兰中苗

大苗阶段的肥水管理(图5-30):中苗经4~6个月培育后进入大苗阶段。管理方法与中苗一样,但施肥采用 N:P:K=20:20:20 的液肥。

图5-30　蝴蝶兰大苗

图5-31　蝴蝶兰催花前期

☞催花阶段的肥水管理（图5-31,图5-32）：

花芽伸出后至催花前期（20～30天），在花茎伸展尚未倒伏前竖立支柱，并将其绑在支柱上。浇水在上午11点前进行，切忌将水直接洒到花朵上。浇水后开风机通风，保持棚内空气清新，使残留水分尽快散失。花期施磷酸二氢钾1 000倍液，对促进开花有一定作用。

图5-32　蝴蝶兰催花阶段(1)

图5-32　蝴蝶兰催花阶段(2)

六、病虫害防治技术

防治病虫害是蝴蝶兰栽培中的一项重要工作,防治中应贯彻"预防为主,综合防治"的原则,协调好环境因子(光照、温度、湿度、空气)和施药间的关系,综合采取各种措施,控制好蝴蝶兰病虫害的发生。

（一）非侵染性病害

非侵染性病害各植株间不会相互传染。一般由环境因素、生产管理技术引起,如气候条件、湿度、栽培基质、营养元素失调等。表现症状如变色、坏死、落苞、落叶、萎蔫等。正常条件下生理病害很少发生,而且可以通过改善栽培条件和管理技术来控制生理病害。

1. 花苞掉落

在开花完成阶段,如果光线过强(光照度大于 25 000 勒)、温度太高(大于 30 ℃),容易引起花苞自花梗上脱落,因此,在栽培过程中要注意及时调节环境条件。根系生长不良也会造成此现象,在生长过程中一定要注意勿频繁浇水,施肥宜少量多次,同时要保持根系透气性以避免烂根。花卉在输送之前如果未经适应阶段也会有落苞现象。因此,蝴蝶兰开花过程中保持适宜的光照和温度是防止花苞掉落的有效方法。

2. 输送过程中的冷害

遭遇低温冷害(12 ℃持续 2 天左右),叶基部出现水浸状黄绿色症状,数日后呈白色凹陷干枯状,严重者叶随后即脱落。植株自生长区运送到销售区时若保温措施不当,叶面可能产生橘红斑点,通常由于冷害造成细胞的死亡。故遇低温情况做好保温工作可以有效避免蝴蝶兰受到冷害。

3. 日灼

叶片呈黄色,严重者变成黑色的焦状或白色的褪色斑。烫伤部位长出新叶后有变形的现象。光线太强(光照度大于 25 000 勒),特别是低温强光(温度低于 12 ℃,光照度大于 25 000 勒)时易引起叶片灼伤,此创伤可招致病菌感染,如炭疽病。另外浇水时如叶面上积起水泡,当光线照射时,产生透镜的聚光作用,易灼伤叶子。因此,生产中应注意适当的光线管理,避免室内光线太强,同时加强栽培期间的通风管理和浇水管理,浇水时最好浇在叶片上。

(二)侵染性病害

1.细菌性病害

常见的危害蝴蝶兰的细菌是欧氏菌属和假单胞菌属。细菌性病害比真菌性病害难控制和防治,最好的办法是防患于未然,注意工具、环境及操作卫生。常见病害:

(1)软腐病

【发病症状】主要危害叶肉部。叶片首先出现水浸状斑点,后期病斑变大呈透明状软腐现象,有臭味,用手触摸易破,有臭水流出(图6-1)。蔓延速度很快,数天内导致植株死亡。叶片感染后,病区表皮与叶肉组织分离,受到如浇水、施肥、喷药、移动盆株等外力时极易破裂。

图6-1 蝴蝶兰软腐病

【发病条件】各龄期蝴蝶兰叶片不同部位均可感染,而且高温、多湿、通风不良的环境极易感染。

【防治方法】①及时处理发病植株,减少传染源。一般从病斑边缘5~10厘米的病健交接处剪除发病部位或组织,然后在剪口处用14%络氨铜水剂100倍液涂抹处理。②喷药保护:可用药剂有20%叶枯宁可湿性粉剂400倍液、77%氢氧化铜可湿性粉剂800~

1 000 倍液、72% 新植霉素粉剂 3 000~4 000 倍液等,视病情间隔 7~10 天喷 1 次,连喷 2~3 次。③温室经常消毒。④勿在高温多湿的天气浇水。⑤浇水后,保持良好通风,在入夜前使叶片完全干燥。

小提示

喷药时间,以上午较好,下午或傍晚不宜喷药,因为此时喷药,晚上叶面保持水层,有利于病害侵入。还可以用少许肥皂粉混合涂株,这样可及时阻断病害侵入。

（2）*裸斑病*

【发病症状】发病初期出现水渍状针尖大小的病斑,以后病斑扩展成圆形或不规则形,颜色亦逐渐加深成褐色或黑褐色,病斑周围具有明显的黄色晕圈,病斑如果继续扩展,会形成不规则的水渍状条斑或块斑,病斑处组织虽呈水渍状但仍然十分坚硬,腐烂无软化现象;温度高时扩展快,叶尖部分或整叶枯黄,病重时腐烂至叶鞘,再蔓延至生长点,在潮湿条件下,病部溢出菌脓呈疱状,干后呈发亮的菌膜。严重时可令叶片黄化、干枯、脱落,整株枯死。

【发病条件】该病为细菌病害,由卡特兰假单胞菌引起。病菌在病株及栽培基质中越冬,温室不存在越冬问题;由水流及水滴溅传播;由气孔、伤口侵入,在高温、高湿环境下容易发病。温室空气相对湿度高、秋冬春季通风透气不良、阴棚栽培、雨季发病重;老叶比幼叶抗病。

【防治方法】①加强栽培管理:栽培密度适宜,及时分株以利通风透光降湿。清除病残体,病株盆钵及基质未处理前不可再用。操作中尽量减少伤口。冬春季连阴天或连阴雨后晴天,要及时通风换气。②发病初期可用药剂喷雾保护,常用杀菌剂有 20% 络氨铜·锌水剂 400 倍液、53.8% 可杀得干悬浮粉剂 1 000 倍液、72% 新植霉素粉剂 4 000倍液、12% 绿乳铜乳油悬浮剂 600 倍液等。以上药剂交替使用,视病情间隔 7~10 天喷 1次,连喷 2~3 次。

2. 真菌性病害

感染蝴蝶兰的真菌都是寄生性的,因其吸取寄主养分,破坏组织,从而引发病症。主要真菌病害有:

（1）*疫病*

【发病症状】在蝴蝶兰叶片、花器假茎及新芽上,没有伤口也可侵入,患部初期出现水浸状斑点,后期扩大为暗绿色或淡褐色组织(图6-2)。虽然腐败但不会被水解而溃烂,无恶臭,最后造成全株凋萎枯死。

图6-2 蝴蝶兰疫病

【发病条件】因表现为组织黑腐也称黑腐病、黑脚病。高温多湿、浇水过多、通风不良是疫病的多发环境。主要发生在瓶苗出瓶、移植及植株换盆移动时期。

【防治方法】降低湿度、减少浇水可防止此病的扩展。维持温室通风良好,勿让植株淋雨;烂根、烂叶等要进行烧毁或掩埋,瓶苗出瓶种植及换盆时应用消过毒的器具剪除病叶,伤口涂抹杀菌剂,并用3.5%依得利可湿性粉剂1 500倍液或亚磷酸+氢氧化钾各1 000倍的混合液,每周1次,连续2~3次。

(2)**炭疽病**

【发病症状】发病初期,叶片上产生淡褐色凹陷小斑点,逐渐扩大呈圆形或不规则形,凹陷呈黑褐色,病斑中央在有坏疽时易脱落而呈穿孔现象。

【发病条件】病菌发生的最适温度为22~26℃,受高温、低温伤害及过多施用氮肥的植株,以及受虫害、阳光灼伤的叶片易感染此病。

【防治方法】①适当的温湿度、光照及施肥管理。②病前防治可用65%代森锌可湿性粉剂800倍液或75%百菌清可湿性粉剂800倍液喷洒。病害发生后,可用50%多菌灵可湿性粉剂或50%甲基硫菌灵可湿性粉剂500倍液喷洒。

(3)**灰霉病**

【发病症状】发病初期在花瓣及萼片上出现水浸状小斑点,随后变成褐色,并逐渐扩大为圆形斑块,并可相互融合,发病后期整个花朵枯萎。花梗和花茎染病,早期出现水渍状小点,渐扩展成圆形至长椭圆形病斑,黑褐色,略下陷,病斑扩大至绕茎一周时,花朵即死。危害叶片时,叶尖焦枯。

【发病条件】通常花瓣上容易感染,高湿通风不良环境及夜间结露环境也易发生灰霉病。

【防治方法】①注意通风降湿,发现病花、病茎立即摘除,以减少侵染源。②平时预防可用50%代森锰锌可湿性粉剂500倍液,或50%多菌灵可湿性粉剂500倍液定期喷施。

发病初期用50%速克灵可湿性粉剂或50%异菌脲可湿性粉剂1 500倍液,约10天喷洒1次,连续防治2~3次。在老芽阶段使用75%百菌清可湿性粉剂600倍液或50%苯菌灵可湿性粉剂1 000倍液全株喷雾。

(4)煤污病

【发病症状】成株叶片的叶缘初期分泌汁液或被介壳虫寄生的叶片、叶背、花梗及花朵也会因虫体分泌蜜露而感染煤污病菌,使叶缘汁液变成黑褐色。虽然煤污病是表生菌,对蝴蝶兰无直接危害,但叶表的菌丝会影响其光合作用和叶片的美观。

【发病条件】一般发生在一些特殊品种中。栽培时通风不良、光照较强时易发生,有时光照度低也会发生,成株叶片也较易发生。

【防治方法】①选育抗病品种,加强通风。②病害严重时可用50%扑灭宁可湿性粉剂2 000倍液,或50%益发灵可湿性粉剂1 000倍液,或23.7%依普同(福元精)水粉剂1 000倍液喷雾,视病情间隔7~10天喷1次,连喷2~3次。

(5)白绢病

【发病症状】危害植株的茎基部及根部,发病初期在根颈处产生黄褐色斑点及斑纹,与细菌性软腐病和疫病不易区别,但不久受害部位及植株上会长出白绢病特有的白色菌丝,后转为褐色菌核颗粒,导致植株茎基软化而死亡。

【发病条件】高温多湿环境下,靠近地面的茎部极易发生。未经消毒的花盆及基质均带有白绢病菌。

【防治方法】①白绢病病原菌大部分位于介质中,预防此病特别要注意清洁卫生。应使用清洁干净的栽培基质以及栽培容器,不用未经消毒处理的旧苗盆。清理其他寄主,做好环境卫生,捡除病株、病叶并移出烧毁。②发病较轻时,可轮流用5%井冈霉素水剂1 000~1 600倍液,或90%敌克松可湿性粉剂500倍液,隔7~9天喷施1次,连喷3~4次。发病较重时,可喷施50%扑灭宁可湿性粉剂2 000倍液,或75%灭普宁可湿性粉剂2 000倍液,每周1次,连喷3~5周。

(6)软腐病

【发病症状】主要危害肉叶部,初期小黄斑,后期变大至透明有臭味,用手触摸易破,有臭水流出。

【发病条件】各龄期蝴蝶兰叶片不同部位均可感染,通常在高温、多湿、通风不良的环境易感染该病,尤其在夏季和秋季高温、高湿季节,连续阴雨、通风不良时极易发生和流行;偏施氮肥也极易引发该病。

【防治方法】①减少植株受伤概率,注意通风和降低湿度管理。②植株发病后剪除病叶,将整株植株放入0.1%高锰酸钾溶液中浸泡5~6分,用水清洗后晾干。发病初期可用77%可杀得可湿性粉剂500倍液,或72%农用硫酸链霉素可溶性粉剂1 000倍液,或14%络氨铜水剂300倍液,或50%琥胶肥酸铜可湿性粉剂500倍液交替喷施,视病情7~

10 天 1 次,连喷 2~3 次。③温室经常消毒。④勿在高温多湿的天气浇水。⑤浇水后,保持良好通风,在入夜前使叶片完全干燥。

(7)褐斑病

【发病症状】出现透明水渍状小斑点,后向外扩大成深绿色或黑褐色的水浸状,逐渐扩散至整个叶片,使叶片软腐,直至枯死。

【发病条件】全年皆可致病,以高温多湿的夏天发生最为严重。病菌在病株及栽培基质中越冬,温室不存在越冬问题;由水流及水滴滴溅传播;病菌常由气孔、伤口侵入植株体。

【防治方法】注意通风,少浇水,保持基质干燥,发现病株后及时剪除病叶,将整株植株放入 0.1% 高锰酸钾溶液中浸泡 5~6 分,用水清洗后晾干。50% 多菌灵可湿性粉剂 800 倍液、20% 苯醚甲环唑水分散粒剂 3 000 倍液、40% 氟硅唑乳油 10 000 倍液交替喷施,视病情 7~10 天 1 次,连喷 2~3 次。

3.病毒病

蝴蝶兰生产中常见的病毒病主要有两种:齿舌兰环斑病毒和蕙兰花叶病毒。移植、分株、切花或剪根时,病毒会借机传染。

(1)齿舌兰环斑病毒

【发病症状】该病毒在自然界分布较广,但不通过蚜虫传播。感染后叶面出现白色斑点,或者出现明显的环状斑纹,有时会变成褐色,植株发育不良,出现畸形花。可以通过茎尖培养脱毒。

(2)蕙兰花叶病毒

【发病症状】感染后叶表面呈浅色马赛克状斑纹,严重时变黑向叶肉内凹陷。可引起生长畸形,开花少且花期短。茎尖脱毒难度较大。

【防治方法】清除病原,修剪工具使用前用 10% 漂白水或 2% 福尔马林与 5% 氢氧化钠混合液消毒。温室地面定期喷洒 10% 漂白水消毒。

(三)常见虫害

1.蛞蝓与蜗牛

【危害症状】蛞蝓俗称鼻涕虫。主要危害植株嫩叶、幼芽、根端、花蕾等,造成叶片或花瓣缺刻、孔洞,甚至死苗;其爬行过后,会遗留黏液,且其带有多种病菌,咬食过的伤口易导致病菌发生,高温多湿的夏天傍晚及夜间最为严重。

【防治方法】不要把蝴蝶兰放在地面上栽培,应放置于栽培床架上栽培,并在床架腿基部撒生石灰。一旦发现害虫首先进行人工捕杀,尤其是夜间捕杀,因为其主要是在夜间活动。也可用灭螺力、麸皮拌以砒霜、敌百虫、溴氰菊酯等制成毒饵,撒在兰株周围、台架及花盆上进行诱杀;或在基质表面撒上8%克蜗灵颗粒剂、生石灰等。最有效的方法是将整盆浸在杀虫液中1分,既可杀死蛞蝓、蜗牛,也可一并杀除其他害虫。

2. 螨类

【危害症状】以红蜘蛛较为常见。常成群集于叶下方,吸取叶背汁液,引起植株水分、营养等代谢平衡失调。被害叶片呈现密集的银灰色小斑点,而后渐变为暗褐色斑块,严重时整叶枯黄脱落。

【防治方法】①以预防为主,注意增湿通风。一旦发病要立即隔离发病植株,以避免红蜘蛛爬行、刮风、浇水及操作携带等造成害虫传播。②药物防治的最佳时期是虫卵孵化时,可用20%杀灭菊酯乳油4 000倍液,或75%克螨特乳油1 000~1 500倍液,每隔5~7天喷洒1次,连续2~3次。

3. 蓟马

【危害症状】主要危害植株花朵,吸食植物汁液。幼虫呈白色、黄色或橘色,成虫则呈棕色或黑色。虫体细小,活动隐蔽,初期不易被发现,后期花瓣上出现横条或点状斑纹,致使花朵变形、萎蔫、干枯,影响正常开花,降低观赏价值。

【防治方法】①由于蓟马对花序和花朵的危害特别大且不易被发现,应在花箭抽出前,对全株喷洒1~2次农药进行防治;开花前再喷施50%辛硫磷乳油1 200~1 500倍液,或40%氧乐果乳油1 000~1 500倍液,一般1周1次,重复3~5次即可。②一旦发现有蓟马,应将受害植株隔离,同时进行药物处理,喷施50%辛硫磷乳油1 200~1 500倍液,或40%氧乐果乳油1 000~1 500倍液,每周1次,至受害植株蓟马消失时为止,未受害植株重复喷施2~3次即可。

4. 蝗虫类

【危害症状】对蝴蝶兰危害的物种为小型种,危害蝴蝶兰叶片、花梗与花瓣。叶片被害后形成大食痕;幼嫩花梗被害时,严重者会折断;花瓣被嚼食后,花朵残缺不全,影响美观并失去商品价值。

【防治方法】①清除种植房四周草丛及易发生虫害的灌木,减少害虫栖息与繁殖场所。②可用45%马拉硫磷乳油1 000倍液,或4.5%高效氯氰菊酯乳油2 000倍液,或1.8%阿维菌素乳油4 000~6 000倍液喷雾防治,7天喷1次,连防2次。

5. 介壳虫类

【危害症状】寄生于蝴蝶兰的叶片、叶鞘、茎和根部,吸食汁液,导致叶片黄化、枯萎至脱落,植株生长发育受阻,不能正常开花,甚至全株死亡。同时侵害后伤口易感染病毒,其分泌物易导致黑霉菌发生。

【防治方法】购买无介壳虫种苗,注意环境通风降湿。有少量介壳虫时,用软刷刷除,虫体刷除后一般不会再寄生。药物防蚧的最佳时期是介壳虫孵化后不久,可用2.5%敌百虫粉剂250倍液,或40%氧乐果乳油1 000倍液,一般每隔7～10天喷洒1次,连喷1～3次。另外,介壳虫易对药物产生抗性,要交替使用农药。

6. 蚜虫

【危害症状】俗称蜜虫,喜食嫩叶、嫩芽、花苞的汁液养分,致使植株生长受到抑制,花叶变形、扭曲。同时,其分泌的蜜汁会吸引蚂蚁,引起煤污病。

【防治方法】在生产中以预防为主,预防的最佳时期是在春初蝴蝶兰即将开始旺盛生长时,用10%吡虫啉可湿性粉剂4 000～5 000倍液对蝴蝶兰植株进行喷雾,既可以杀死越冬虫卵,避免成虫造成危害,也可以降低对蝴蝶兰花朵的药物伤害。若发生虫害时可用40%氧乐果乳油,或50%杀螟松乳油1 000倍液,每隔7～10天喷施1次,连喷3～4次即可。

7. 粉虱

【危害症状】常群集于兰叶背面,吸食植物汁液,使叶片失绿、变黄、萎蔫,并在伤口处排泄大量蜜露,引发煤污病,甚至造成整株死亡。

【防治方法】在通风口处加一层纱网以防外来虫进入。一旦发生虫害,在蝴蝶兰植株旁边悬挂或放置涂以黏油的黄色木板或塑料板,振动植株,利用粉虱对黄色的强烈趋性,使粉虱成虫飞到黄色板上并被黏住,从而达到诱杀作用。也可用2.5%溴氰菊脂乳油2 000倍液,或10%吡虫啉可湿性粉剂1 000～1 500倍液等,每3～5天喷洒1次,连喷2～3次即可。

小提示

农药施用注意事项

①详细阅读农药使用说明书。注意是否可以混用,并使用正确的浓度,否则,浓度过高会产生药害,浓度过低则达不到预期效果。

②刮风或下雨天均不要喷施农药。

③喷施农药时最好穿戴防护服,不要喷到自己,远离其他人、畜等。

④农药不用时储藏于阴凉干燥处,且要放在小孩不易取得之处。

七、采收与储运

（一）切花的采收与包装

1. 切花的采收

当下部的花芽开始膨胀时要用挂钩把花梗固定起来。花梗上花苞多时，固定的位置不能太低，以免花梗头重脚轻。花梗上的花苞除最后一朵外，其他已全部开放时即可切下销售。切下花梗时通常已具有三个花芽，第二花梗即从其余花芽抽出，而且自顶芽开始。催出这种新花梗需要的时间较久，因此是否采用这种先自然开花再抽出第二花梗的方式则由所需花梗品质与销售计划决定。除了第一花梗，只要植株健壮，第二次便有双花梗生成，可以作为切花出售，因此每株平均每年可售出 2.5 枝花梗。花梗抽出后，用吊绳维持挺直以避免变曲。

蝴蝶兰切花在采后应注意经常通风换气。另外，低温可降低乙烯活性，增强植株对乙烯抗性，这也是减缓蝴蝶兰切花衰老的方法。

2. 保鲜剂处理切花技术

（1）**保鲜剂的成分** 保鲜剂作用可以持续到鲜切花的整个货价寿命。保鲜剂的主要成分是水、糖、杀菌剂、抗菌剂、表面活性剂、无机离子和可溶性无机盐。

（2）**保鲜剂处理技术**

1）预处理液处理技术 预处理液一般要用离子水配成，其中含有糖、杀菌剂和有机酸。pH 控制在 4～5，加热到 38～44 ℃，把切花茎端斜剪（在水下）后插入预处理液中 12～24 小时。蔗糖浓度高时，可缩短浸泡时间。处理的环境条件为：温度 20～27℃，光照度 1 000 勒，空气相对湿度 35%～100%。

2）催花液处理技术 催花液蔗糖浓度比预处理液浓度低，空气相对湿度为 90%～95%。将切花插在催花液中若干天，在室温或比室温稍低的温度条件下进行。为了防止乙烯积累造成危害，应该配有通风系统。

3）瓶插液处理技术 用低浓度（0.2～4 毫摩/升）的硫代硫酸银（STS）在 20℃ 温度下预处理 30 分，可以抑制乙烯生成，进而延长切花的瓶插寿命；1-MCP（最新研发的一种具有挥发性的乙烯抑制剂）也可以有效延长鲜花的瓶插寿命。

花束放入包装盒内，于 7～10℃ 保存。如果花朵出现轻微萎蔫，可以切梗再放入约 40℃ 的热水中。瓶插寿命一般在 5 天到 6 周，因气候和品种而差异巨大。

3. 切花的包装

包装对于蝴蝶兰切花品质的影响很大，以亚克力棉衬垫及保护花朵的包装，能较好地保护切花，使切花瓶插寿命提高。蝴蝶兰切花包装盒采用 100 厘米×15 厘米×11.5 厘米的尺寸。因每枝花梗的花数不同，通常每盒 25～30 朵花。

包装步骤：

①将棉花平铺在纸盒的两端。

②切花两两一组，一正一倒交错地用胶布固定在纸盒上。

③在固定好的花朵上轻轻地放一层棉花。

④重复步骤②，在棉花上再摆放一层切花并固定。

⑤用棉花将放置花朵的部分填满。

⑥最后盖上纸盖，打包成捆，见图 7-1。

图 7-1　打包

（二）盆花的采收与包装

1. 盆花的采收

使用小棍以支撑蝴蝶兰的花朵,使其花序牢固。支持物的放置时间是在花梗上位置最低的花芽开始膨大时(如弹球般大小),因为从那以后花梗就不再生长了,并且已经能预计花梗上发育的小花的数目。支持物的长度不应该超出花梗的高度,并且要紧挨着植株插入以保证花梗足够牢固。蝴蝶兰通常采用多种不同的分级标准,除了颜色以外,植株经常按照花梗长度、花芽数量、分枝情况、每株的花梗数分级,其中每株的花梗数是这些标准中最为重要的,其次就是分枝情况和每枝花梗的花朵数量,花卉的价格也随着花梗和花芽的数量增多而增加。

待花朵发育得足够好,蝴蝶兰就可以准备上市了。在一年中光线较暗的时期交易的要求有 4~5 朵花开放,其他时期有 2~3 朵花就足够了。准备销售时,任何损坏的叶片都要去掉,如果必要的话,要将花卉预先放在包装盒内,运输过程中使温度不低于 18℃。

2. 盆花的包装

蝴蝶兰包装采用瓦楞纸箱,每箱存放 20 株蝴蝶兰,纸箱规格为 110 厘米×45 厘米×20 厘米。瓦楞纸箱由瓦楞纸板经过模切、压痕、钉箱或粘箱制成,应符合 GB/T 6543 规定要求。蝴蝶兰花朵用无纺布包裹,横向平放,并置于纸箱中间处,花盆用胶布固定于纸箱两边。

包装步骤:

①在纸箱底层垫上无纺布,放上一株蝴蝶兰盆栽,再覆盖一层无纺布(图 7-2)。

图 7-2　纸箱底层垫上无纺布

②再在无纺布上放一株盆栽,蝴蝶兰朝同一方向放入纸箱中,放置时注意收拢叶子

和枝条(图7-3)。

图7-3 盆栽摆放

③盆栽底部要排齐,并排放入,并用绳子进行固定,避免运输途中移动损伤(图7-4)。

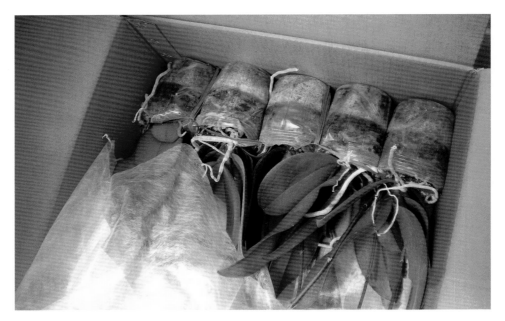

图7-4 盆栽固定

装运蝴蝶兰的交通工具和储存蝴蝶兰的场所都应保持温度在15～25 ℃。

（三）预冷、储藏

1. 预冷技术

预冷是指通过人工措施将观赏植物的温度迅速降到所需温度的过程,也称为去除田间热。可以降低蝴蝶兰切花的温度,减弱其呼吸活性,延缓开放或衰老的进程。采后蝴蝶兰鲜花主要靠自身储存的营养物质来维持代谢,采用预处理降低花材的温度,可抑制呼吸作用有关的酶活性、降低呼吸底物与酶接触的概率;降低呼吸强度,减少因为呼吸而引起的糖类和其他营养物质的消耗,同时减少过氧化物和自由基的产生;减少水分的损失,保持鲜度;抑制微生物的生长,减少病害,降低乙烯危害;也能减轻冷藏库的热负荷,更有利于保鲜。国外预冷技术主要包括:强风预冷、压差预冷和真空预冷 3 种类型,蝴蝶兰切花预冷主要采用真空预冷的方式。将真空预冷到 2℃后的蝴蝶兰切花放在温室 19 ~ 20℃的水中,可以保存 7 ~ 8 天,而不经过预冷处理的切花只能保存 2 ~ 3 天。另外,经过处理后的切花,无论是放在水中还是放在平面上,保鲜效果都一样,这就给切花的运输带来了极大的方便。

2. 储藏技术

蝴蝶兰自然寿命比较长,可达到 15 ~ 45 天。储藏时通常采用湿藏,7 ~ 10℃条件下,可储藏 2 周。温度过低,会引起冷害。储藏前应将所采收的成品在预冷后进行分级。通常于单枝基部套上塑料保鲜瓶水养保存,蝴蝶兰的水养主要依靠在花梗基部插上小型保鲜管的方法,这样既能保鲜,又便于包装。适当的预处理有利于延长花的瓶插寿命。然后将其置于空气相对湿度为 90% ~ 95% 的环境中进行储藏,存放地点不需要光照,储藏温度为 13 ~ 15℃,所用的保鲜液由 5 毫克/升的 BA+3 克/升的蔗糖配制而成,储藏时间可达 10 ~ 20 天。包装材料通常采用 80 厘米×20 厘米×15 厘米的衬膜瓦楞纸箱进行包装。注意衬膜、瓦楞纸箱上要设置透气孔。

（四）运输

1. 空运

一般采用航空运输。冬季为防止低温造成的冻害,要先做好运输过程中的保温工作,还要防止高温造成的损伤。蝴蝶兰既可整枝运输也可单朵运输。单朵运输需要将花梗插入有水的塑料小瓶中,并严格保护,使得花朵在储运过程中免受缺水损害,同时花梗及花朵不会受到损伤。花朵之间填充碎纸以防止运输过程中的摩擦。因为蝴蝶兰切花是乙烯敏感型切花,在包装箱内放入含有高锰酸钾的涤气瓶,或者其他浸渍有高锰酸钾的材料,以吸收箱内的乙烯。需要注意的是,切花不可以直接与高锰酸钾直接接触。蝴蝶兰到货后必须立即除去包装,将植株放入温度为18~23℃的明亮环境中,在袋中的时间越长,恢复所需的时间就越长。如果在袋中时间过长就无法恢复。因此运输时间要尽可能短,最好不超过3天。

2.海运

蝴蝶兰带盆苗株重量及体积皆比裸根苗增加许多,使空运出口成本提高,尤其欧洲及美国距离远,空运费极高,且装载量有限。海运出口运费比空运减少75%左右,装运量大,因此成为重要的出口方式。

影响损耗的因素包括品种、苗株质量、苗株处理、包装(图7-5,图7-6,图7-7)、运输温度、湿度、运输时间等。不同条件下这些因素的影响不同,例如苗株健壮病害少,用纸箱包装,以略高的温度、湿度运输后损耗仍然很低,而有些兰园的苗株容易患病,就需要注意低温及包装来减少病腐。

(1)**品种** 品种和长途储运能力有关,在多次海运出口中,常可看见一个货柜内众多的品种中,某些品种腐损率特别高。有些品种在海运后,腐损率低,但抽梗率下降,亦可能不适合海运出口。不同品种的耐低温性不同,有些品种常因低温海运产生寒害导致损耗。

图7-5 蝴蝶兰苗包装

图 7-6　蝴蝶兰苗装箱

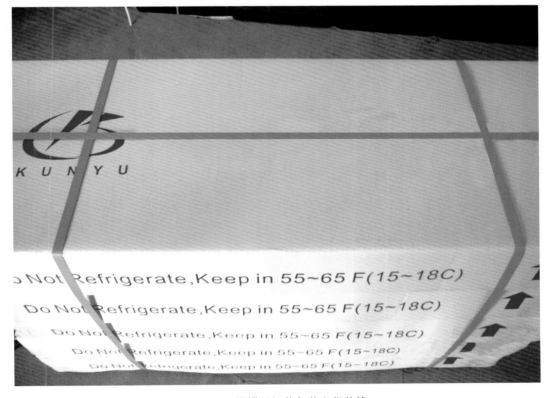

图 7-7　蝴蝶兰切花包装出货装箱

（2）**苗株质量** 同一品种来自不同的兰园，其寒害严重性以及储运后腐损率可能差异很大。成熟度低的苗株，储运后损耗率可能比成熟度高的还低，但后续开花质量较低。苗株来自栽培温室发生病害多的，储运后腐损率较高。

（3）**苗株处理** 苗株处理包括干旱驯化、杀虫及清理等，其中干旱处理对运输腐损影响很大，干旱处理常以断水处理 2～4 周，使水苔尽量干燥。水苔湿度高会提高运输湿度，增加黄叶及病腐，促进心叶白化程度。

此外为通过美国检疫及避免带病出口，苗株处理包括去除可能黄化的叶片。其他驯化处理如运输前加光或遮光，其效果仍在研究中，目前可以确定的是遮光处理 2 周没有益处。

（4）**运输温度** 海运运输温度偏高加上高湿度，腐损率可能会提高数成。运输温度低可以减少病腐及黄叶落叶，温度太低又会引起寒害，目前运输温度大多设定于 18～20℃，也有的在 17℃ 或 21℃，依来源、品种、航期而修正。运输间货柜温度不一定很稳定，依货柜种类及装载方法而异，温度差可高达 2℃。

（5）**运输湿度** 运输湿度会影响腐损，在一些湿度控制不是很好的货柜，湿度常会偏高，可以使用通气性好的包装来改善。纸箱包装通常湿度会高于 95%，塑胶篮或台车则可有效地减少湿度的累积。运输湿度以选择货柜种类及通风量的大小来调节，通风量大小影响货柜湿度受外界环境所决定，包括季节、路线、气候等；通风量大小也会影响货柜湿度的稳定性，因此通风量也不能太大。

（6）**装运流程**

1）蝴蝶兰苗株海运外销，装运作业流程简示如下：

A. 苗株选择→喷药、处理→清理、去虫处理→包装→熏蒸杀虫→预冷。

B. 货柜选定（货柜种类、航线、温湿度与换气量的设定）→货柜查验、清理、熏蒸→温度、湿度、通风量的查验→装柜。

C. 出口→运输条件的监测→到货后的查核。

2）蝴蝶兰开花株海运外销，处理及装运作业流程简示如下：

苗株选择→喷药杀虫杀菌→固定及整理→1-MCP 熏蒸→包装→装柜→出口。

包装不适当会使开花株产生摩擦伤害，造成很大的损失。海运空间较大，采用较疏松方式包装很容易造成摩擦物理伤害；反之，包装过于密实则容易造成挤压物理伤害。

苗株选择适当，以去除带病及弱小植株，花朵开张度为 3～7 分开皆可。于出口前 3～5 天进行喷药杀虫杀菌处理，花梗固定及叶片整理可在喷药前或之后处理。1-MCP 熏蒸以每立方米 1 粒，在常温下（23～28 ℃）处理 4 小时或更久。包装可采取直立式或横放，花梗花朵必须固定良好。装柜货柜温度以 18 ℃ 为宜，通风量为 0～5 米³/时。

八、家庭养护方法与注意事项

由于家居环境的特殊性,家庭栽培蝴蝶兰有别于大规模生产性栽培的温室中种植法。为了帮助人们更好地掌握家庭养护蝴蝶兰的方法,本书从蝴蝶兰养护管理涉及的几个方面进行介绍。

(一)家庭养护方法

1. 蝴蝶兰的选购

蝴蝶兰能够栽培成功的关键在于品种的选择和种苗购买。因此在选择蝴蝶兰时选择植株健壮,花朵硕大美丽,花朵多,花瓣厚实,花序整齐而且紧密的植株。目前北方市场流行的品种以红色和粉色为主,红天使、千惠玫瑰、红龙、聚宝红玫瑰、红唇美人等品种占据大部分市场。一般来说,开花颜色深、花朵多、花瓣厚的种苗都非常健壮,许多蜡质花和深红花的花期更长一些,可达到 3 ~ 5 个月。北方当地栽培的蝴蝶兰由于经过气候条件的驯化和没有运输损耗,品质远远高于南方运输的种苗,其花期更长,价格也略高,后期的养护更加容易一些。另外,花序已开了一半的蝴蝶兰观赏性更好,开的时间也相对较长。

2. 花期技术管理

(1)**温度** 蝴蝶兰原产于热带地区,喜高温高湿的环境,生长时期最低温度应保持在15℃以上,生长适温为 15 ~ 30℃,夏季超过 35℃或冬季低于 10℃时,其生育都会受到抑制。春节前后为盛花期,适当降温可延长观赏时间,但不能低于 13℃。

(2)**湿度** 蝴蝶兰在原产地大都着生在树干上,根部暴露在空气中,可以从湿润的空气中吸收水分,空气相对湿度要保持在 70% ~ 80%。当人工栽培时,根被埋进栽培基质中,如浇水过多,基质通气性就会变差,肉质根就会腐烂,叶片会变黄、脱落,严重时导致植株死亡。浇水的原则:见干见湿,浇则浇透。当室内空气干燥时,可用喷雾器或喷壶向叶面喷雾,但需注意,花期不可将水雾喷到花朵上,以免落花落蕾。

(3)**光照** 蝴蝶兰需光照不多,为一般兰花光照的 1/3 ~ 1/2,切忌强光直射。若放室内窗台上培养时,要用窗纱遮去部分阳光,夏季遮光60%,秋季遮光50%,冬季遮光30%。在开花期前后,适当的光照可促使蝴蝶兰开花,使开出的花艳丽持久。

(4)**营养** 栽培蝴蝶兰一般选用水草、苔藓做栽培基质。施肥的原则是少施肥,施淡肥。正常生长期施用兰花专用肥2 000倍液,进行根部施肥,视生长情况,2~3周施1次。开花前可选用以水溶性高磷钾肥为主的复合花肥1 000~2 000倍液,10天左右喷施1次。花期和温度较低的季节停止施肥。

春季一般施1 000倍的液体肥料,开花时不施肥。花期过后,株基长出新根时才开始继续施用液体肥料,每7天1次。春末新叶长出后少量施用油渣和骨粉混合成的固体有机肥。夏季施1 500~2 000倍的液体肥,每7天1次。秋季继续施用1 000倍的液体肥料,每7天1次,直到10月上旬为止。生长较慢的品种,可延续施肥到10月底,但不可过迟。冬季已出现花芽,不宜施肥,必须等到春季或者是新根已开始生长才可施肥,在催花35~40天开始用高磷、钾类肥料施花肥。如停留在生长休止期,则不可施肥。

(5)**换盆** 从小苗到开花需要2~3年。成株的蝴蝶兰宜在每年春季开花后进行换盆和更换基质,不然易积生污垢和青苔,基质也易腐败,滋生病虫害。盆栽蝴蝶兰,宜用多孔透气的素烧盆。栽植时盆底所放其质至少要占盆容量的1/2,并将部分根外露于盆面,切勿全部深埋,否则妨碍其呼吸及生长。

1)换盆前准备 换盆前7天左右停止施肥、灌水,新鲜水苔要经过一定时间的浸泡或消毒,脱水至八成干后方能用于换盆使用。

2)换盆方法 换盆时,用细杆将植株完好地撬出,去除旧的植料,但不要伤及根部。蝴蝶兰每个叶腋处都可以发出一条新根,根在外界就会丧失吸水肥的能力,老根在水草中有的已经2~3年,也丧失了大部分功能。在每年换盆时,旧的茎和老根要加以整理切除。为了使排水良好,可在盆底部放置1/3的塑料泡沫块。用水苔把塑料泡沫块包放在兰根下,将根平均摊开种入盆中,再覆以松软的水苔,注意不可包裹得过紧。水苔以七成紧为佳。如有条件最好增加容器的直径,以每年2~5厘米为宜,容器太大浪费水草,也会导致根系短时间内不能长出水草外而窒息坏死。

3)换盆后管理 换盆后半个月内,要把蝴蝶兰放置在温度高的半阴处,不宜立即灌水或施肥,而是先喷1次杀菌剂。大约7天后,新根开始长出时,才可以用低浓度的肥水灌透1次,以后进行正常化管理。

(6)**蝴蝶兰凋谢后处理** 花后尽早将凋谢的花梗剪去,这样可减少养分的消耗。花梗必须从基部全部剪掉,否则花梗芽处遇到合适的条件还会发出不完全小花梗,开花效果差。

(7)**病虫害防治** 家庭养护蝴蝶兰病害较少,主要应注意介壳虫的危害。介壳虫多发生在干燥的秋冬季,室内通风不畅的地方。防治方法:注意通风,发现少量介壳虫时可用软布蘸乙醇擦洗,反复几次后可根除害虫。

（二）家庭养护过程中的注意事项

（1）**浇水不宜过频**　栽培蝴蝶兰的朋友,总是担心蝴蝶兰缺水,不管栽培基质是否干燥,天天浇水,造成严重烂根。

（2）**温度和湿度不宜过低**　通常蝴蝶兰开花株上市的时间大多在早春,而买回家后一般也都置于客厅等处欣赏,这些地方的日温虽然足够,但夜温却稍嫌偏低。另一方面,专业栽培的蝴蝶兰大多是在设备良好的温室里生长,相比之下,家里的温度和湿度都稍嫌不足,使得植株的长势往往会日益衰弱。因此,有时不论养护得多么好,蝴蝶兰仍有不开花的现象。

（3）**施肥不宜过量**　有肥就施,而且不注意浓度,觉得施了肥蝴蝶兰就会长得快。须知蝴蝶兰宜施薄肥,应少量多次。切记"进补"不可过度,不然适得其反。

（4）**小株不宜种大盆**　觉得用大盆可以给蝴蝶兰宽松的环境,用料充足。其实用大盆后,水草不易干燥,须知蝴蝶兰喜通气,气通则舒畅。

附表　蝴蝶兰盆花质量分级标准

项目＼级别		特级	一级（A级）	二级（B级）	三级（C级）
整体效果		生长健壮，株型优美，整体协调	生长健壮，株型优美	生长基本健壮，株型基本优美	生长尚可，株型尚可
品种特性		能充分表现出品种特性	能充分表现出品种特性	较明显地表现出品种特性	不能明显地表现出品种特性
花部状况	着花数 单莛苗	≥11朵	8～10朵	6～7朵	≤5朵
	着花数 双莛苗	≥8朵/莛	花朵最多的莛着花≥8朵	花朵最多的莛着花6～7朵	花朵最多的莛着花≤5朵
	花形	花圆形，两个花瓣靠近但不重叠，其相邻两边近平直，3枚花萼的顶点近等边三角形，且形状完好整齐	花近圆形，两个花瓣相离不远或稍有重叠，其相邻两边稍弯曲，花萼的顶点近等边三角形，形状完好整齐	两个花萼相离较远或部分重叠，相邻两边较弯曲，形状基本完好整齐	两个花萼距离很远或重叠很大部分，相邻两边严重弯曲，花朵又破损，形状不整齐
	花序（轮生花序品种除外）	已开花朵严格排成两排，且每排花朵朝向相同，花间距均匀一致	大部分花朵排成两排，每排花朵朝向几乎相同，花间距均匀	大部分花朵近似排成两排，每排花朵朝向大致相同，花间距基本均匀	花朵不成排，每排各自朝向不规则或者弯头
	花蕊	健壮	健壮	基本健壮	尚可
	花色	纯色系应亮丽浓重无杂色，有斑点或线条者，斑点线条应明亮、清晰；斑点或线条有晕彩者，晕彩颜色与其他颜色和谐	纯色系应亮丽浓重无杂色，有斑点或线条者，斑点或线条应明亮、清晰；斑点或线条有晕彩者，晕彩颜色与其他颜色和谐	纯色系颜色较纯正，有斑点或线条者，斑点或线条应比较明亮、清晰；斑点或线条有晕彩者，晕彩颜色与其他颜色和谐	纯色系颜色较纯正，有不明显杂色；有斑点或线条者，斑点或线条不太明亮、清晰；斑点或线条有晕彩者，晕彩颜色与其他颜色不和谐
茎叶状况	茎	健壮	健壮	基本健壮	尚可
	叶片	至少含有4枚成熟叶片，1片新叶，排列整齐，叶色正常	含有4枚成熟叶片，1片新叶，排列较整齐，叶色正常	含有4枚成熟叶片，1片新叶，排列较整齐，叶色基本正常	叶片数不足5枚，排列不整齐，叶色不正常

续表

项目 级别		特级	一级（A级）	二级（B级）	三级（C级）
根		根长满容器,根冠色泽正常	根长满容器,根冠色泽正常	根基本长满容器,根冠发黄、发黑或发褐	根未长满容器,根冠黄、黑或褐色
损害状况	病害	无	无	无	轻度
	虫害	无	无	无	轻度
	其他	无污染物,无破损	无污染物,无破损	无污染物,无破损	有轻度污染物,轻度破损
栽培基质		无病虫害			
附属物		花轩子与花夹子的颜色与植株相协调,对人身无伤害			

注:1.形态特征:单茎(轴)附生兰。茎短。叶近2列,肉质扁平。花莛从植株基部发出。总状花序有时分枝。萼片3枚,花瓣状,近等大,离生,花瓣3枚,其中2枚较宽阔,1枚为唇瓣,位于中央下方,花朵大,花色变化多,有红、白、粉、黄、浅绿等颜色。蒴果。

2.在蝴蝶兰生产、销售中,花莛又称作花梗。

3.本标准只适用于常见的大中花品种(大花品种为翼展10厘米以上者,最大为12厘米;中花品种为翼展6~9厘米,但是一般情况下大花与中花区分不明显)。

4.小花品种不分级,一般来说双莛苗产品较单莛苗产品的级别高。

参 考 文 献

[1]刘晓宏,潘百涛,岳玲.北方地区蝴蝶兰设施栽培催花调控关键技术[J].辽宁农业科学,2012,(3):86-87.

[2]黄德珠.蝴蝶兰的栽培管理技术[J].现代园艺,2012,(4):14-15.

[3]马关喜.蝴蝶兰苗期管理和花期调控[D].杭州浙江大学园艺系,2011.